JN094724

Arduinoをはじめよう

│第4版│

Massimo Banzi、Michael Shiloh 著

船田 巧 訳

O'REILLY®
オライリー・ジャパン

Getting Started with Arduino

Massimo Banzi and Michael Shiloh

4th Edition

Make:

目次
Contents

第4版のはじめに
Preface

　マッシモと私（マイケル）は、急速に移り変わっている電子プロトタイピングの世界から、多くの変化をこの第4版に取り入れることができて満足しています。

　今回は2つの章を追加しました。9章ではこれまでになくパワフルな32ビットARMファミリーのArduinoボードを紹介します。10章で解説するのは、ARM搭載ボードを使ったインターネットにつながるプロジェクトです。

　新章以外にも、次のような変更があります。

- Arduino IDEのバージョン2.0を対象にしています。
- 付録にはArduinoボードファミリーの選択ガイドがあります。
- Arduino Leonardoを使った作例はArduino CloudサービスとIoTクラウド、プロジェクトハブなどの解説に置き換えました。
- すべての人を尊重するため、以下の2つについて呼称を変更しました。
    - SPI信号の名前はオープンソースハードウェア協会の再定義に従いました[†]。
    - コネクタの種類は「ピン」と「ソケット」で表します。

　版を重ねるごとに挿絵は変更され、新しいものが追加されました。第2版までの挿絵を担当したElisa Can-ducciの貢献に謝意を表します。第3版で既存の図版を修正し、多くの新しい図版を追加したJudy Aime' Castroの貢献にも感謝します。

―― Michael

Massimoからはじめに

　まず私は深く考えずに自分が学校で教わったときと同じ方法で教えようとしました。しかし、じきにそのやり方ではうまくいかないことに気付きます。うんざりするほど退屈な教室に座って、机上の理論を聞かされ続けた自分の学生時代を思い出したのでした。

　実を言うと、学生のころの私はすでにエレクトロニクスを理解していました。理論はほんの少しだけですが、代わりに手を使って多くのことを経験的に学んだのです。そこで私は、自分が真のエレクトロニクスをどうやって身に付けたかを考えてみることにしました。

---

† 訳注：かつてSPI信号の呼称には慣用的にmaster（主人）とslave（奴隷）という単語が使われてきました。たとえば、MISO（Master In Slave Out）とかSS（Slave Select）です。この単語を使うのはもうやめましょう、という動きを反映した決定です。
https://www.oshwa.org/a-resolution-to-redefine-spi-signal-names/
なお、既存のオンラインドキュメントとの整合を保つため、本書リファレンスには古い呼称が残っています。

- 手にした電気製品を片っ端から分解した。
- 使われている部品について少しずつ学んでいった。
- 内部の配線をいじくりまわすと何が起こるか試すようになった。たいていは煙を噴いたり、破裂したりといった結果に。
- エレクトロニクス雑誌に載っているキットを作り始めた。
- 雑誌の回路と、改造したりハックしたキットを組み合わせて、新しいモノを作った。

　子どものころの私は、モノがどう機能するか発見することに魅せられていて、いつも分解ばかりしていました。この情熱は成長して、家中の使われていない道具をバラバラにするようになり、そのうちにまわりの人が解剖用の機材を持ってきてくれるようになります。保険事務所からもらった初期のコンピュータや巨大なプリンタ、磁気カードリーダ、それから皿洗い機を完全に分解したことが当時の重要プロジェクトでした。

　膨大な解剖の結果、電子部品の働きを、おおまかになら理解できるようになりました。さらに良かったのは、我が家には父が1970年代の初めに購入した古いエレクトロニクス雑誌が山ほどあったことです。完全には理解できないまま、そうした雑誌に載っている記事を読み、回路図を見ることに時間を費やしました。何度も何度も繰り返し読むうちに、分解で得た知識が少しずつ秩序立っていったのです。

　大きなブレークスルーがやってきたのは、ある年のクリスマスのことでした。父が中高生向けのエレクトロニクス学習キットをプレゼントしてくれたのです。回路図記号が印刷されたプラスチックの立方体に電子部品が入っていて、磁石で互いに接続できるようになっていました。そのキットがディーター・ラムス（Dieter Rams）[†]によってデザインされた、1960年代のドイツデザインを代表する傑作だったとは、当時はまだ知るよしもありません。

　この新しいツールのおかげで、部品同士をすばやくつなぎ合わせて何が起こるか試せるようになり、プロトタイピングのサイクルがどんどん短くなっていきました。ラジオ、アンプ、雨センサ、ひどいノイズを出す回路といい音を出す回路、小さなロボットなどがその成果です。

　私は長い間、あるアイデアから始まってまったく予想できない結果に終わるような計画性のないやり方をうまく要約してくれる英単語を探してきました。その結果、行き当たったのが「tinkering（ティンカリング）」[‡]です。この言葉は人々が重ねた試行錯誤の道筋を説明するために、いろいろな分野で使われています。たとえば、ヌーヴェル・ヴァーグの監督たちは「tinkerers」と呼ばれました。私が今までに見たなかで、もっとも良いtinkeringの定義は、サンフランシスコのエキスプロラトリウム[††]のものです。

---

† 　訳注：独BRAUN社の電子回路学習キット「Lectron」のこと。ディーター・ラムスは同社のチーフデザイナーとして1995年までさまざまな製品を手がけた。
‡ 　訳注：[tinker] いじくりまわすの意。素人が機械の修理をするようなときに使われる言葉。古くは鍋修理をする行商人のこと。
†† 　訳注：エキスプロラトリウム（Exploratorium）は1969年にフランク・オッペンハイマーが設立した科学博物館。体験型の学習を重視している。

tinkeringとは、あなたが好奇心、空想、奇想に導かれて、やり方のわからない事柄に挑戦することです。tinkeringに説明書はありません。正しいやり方や間違ったやり方はなく、失敗もありません。それは物の仕組みを理解することと手を加えて作り直すことに関係しています。

複数の機械、珍しい仕掛け、不揃いな物体が調和しながら機能することがtinkeringの真髄であり、その基本は遊びと調べごとを結びつけるプロセスといえます。

基本的な部品から電子回路を作り出そうとすると、たくさんの経験が必要になります。私はそれを身をもって学びました。

もう1つのブレークスルーは、家族とロンドンの科学博物館を訪れた14歳の夏にやってきます。オープンしたばかりのコンピュータの展示室でガイドツアーに参加した私は、二進数とプログラミングの基礎について学びました。

そこで理解したのは、技術者が基本的な部品から電子回路を組み立てるかわりに、マイクロプロセッサ上に「知性」を実装することで、さまざまなアプリケーションを実現できるということです。ソフトウェアが回路設計の手間を省いて、すばやいtinkeringを可能にしてくれます。

ロンドンから帰った私は、コンピュータを買ってプログラミングを覚えるため、お金を貯めることにしました。

新品のZX81†コンピュータを使った最初でかつ最重要なプロジェクトは溶接機械の制御です。エキサイティングな計画とは言えませんでしたが、必要性があったし、プログラムを学び始めたばかりの私にとっては大きなチャレンジだったと言えるでしょう。このとき、複雑な電子回路を修正するよりも数行のコードを書く方が時間の節約になることがはっきりしました。

それから何年も経って、私は電子工学やプログラミングの経験を持たない人たちにテクノロジーを教えることが好きだと自覚するに至ります。デジタル技術を学ぶことは、今日の世界を理解しポジティブな影響を与える上で、とても大きな力になります。

—— Massimo

謝辞
Acknowledgements

Ombrettaに捧げます。

—— Massimo Banzi

この本を私の兄弟と両親に捧げます。

私をArduinoの世界に招待し、本書の執筆に誘ってくれたMassimo Banziに感謝します。このプロジェクトに関われたことは名誉であり喜びです。

---

† 訳注：ZX81は英シンクレア・リサーチ社が1981年に発売したホームコンピュータ。洗練されたデザインと低価格（アメリカ版は100ドル）が特徴だった。

Brian Jepsonは私を導き、監視し、勇気づけてくれました。Frank Tengのおかげで私は軌道からはずれることがありませんでした。Kim CoferとNicole Shelbyの見事な編集作業に敬意を表します。

私のことを尊敬してくれている娘、Yasmineがいなかったら、この仕事を完遂することはできなかったでしょう。もっぱら自分の興味を追求する父親を、彼女はずっと応援してくれました。

最後に大事なパートナー、Judy Aime' Castroに感謝を捧げます。彼女は私の落書きめいたイラストをきれいに清書してくれました。本書の内容に関する終わりない議論にも付き合ってくれた彼女のサポートは欠かせないものでした。

—— Michael Shiloh

意見をお聞かせください
How to Contact Us

この本に関するコメントや質問は、出版社までお願いします。

株式会社オライリー・ジャパン
〒160-0002　東京都新宿区四谷坂町12番22号
電子メール　japan@oreilly.co.jp

この本のウェブサイトには、正誤表やコード例などの追加情報が掲載されています。URLは以下のとおりです。

www.oreilly.co.jp/books/9784814400232

大切なお知らせ

読者の安全は読者自身の責任で確保するものとします。これには適切な機材と保護具を使用すること、自らの技能と経験を適切に判断することも含まれます。電動工具、電気などプロジェクトで使用する要素は、適切に扱わなかったり、保護具を使用しない場合、危険を及ぼすこともあります。

解説に使用している写真、イラストレーションは、手順をよりわかりやすくするために、安全のために必要な準備や保護具を省略している場合があります。また、本書のプロジェクトは、児童が行うことを意図したものではありません。

本書の内容の利用は読者自身の責任で行うものとします。株式会社オライリー・ジャパン、著者、訳者は、本書の解説を運用した結果起こった損害、障害について責任を負いかねます。読者の活動が法律、著作権を侵していないか確認するのは読者自身の責任です。

1 イントロダクション
Introduction

　Arduino はインタラクティブなものを作るためのオープンソース・フィジカルコンピューティング・プラットフォームです。インターネットに接続することができ、単体でも動作します。Arduinoを使うために電子工学のプロになる必要はありません。かつて Arduino はフィジカルコンピューティングを自分の作品に取り入れたいアーティスト、デザイナー、学生のためにデザインされました。現在はデジタル技術を使って新しいものを作りたいと考える文字通り数百万のユーザーに支持されています。

　Arduino のハードウェアとソフトウェアはオープンソースであり、その哲学が知識を共有しようとするコミュニティを育みます。初心者にとって、多様なスキルを持つ人々がいつも親身にサポートしてくれるオンラインコミュニティの存在は重要です。コミュニティを通じて様々な分野の作例に触れることができ、完成写真だけでなく、自分のプロジェクトを始めるのに役立つ詳細な情報も一緒に公開されています。

　IDE（Integrated Development Environment＝統合開発環境）とも呼ばれる Arduino のソフトウェアは無料で、www.arduino.cc からダウンロードすることができます。Arduino IDE は Processing 言語（www.processing.org）をベースに開発されました。Processing はエンジニアの手を借りずにコンピュータアートを作りたいアーティストのためのツールです。Arduino IDE は Windows、Mac、そして Linux で動作します。

　Arduino Uno は数千円で買えるとても丈夫で壊れにくいボードです。もし壊してしまっても、交換用のチップは数百円で入手できます。

　Arduino はハードウェアもソフトウェアもオープンソースです。設計図をダウンロードして自分用の Arduino ボードを作ったり、作品の出発点として使うことができます。シンプルで理解しやすい Arduino だからこそ、そういう使い方ができるとも言えるでしょう。

　Arduino は教育的な環境で発展し、教育ツールとして普及しました。オープンソースであることは製作に役立つだけでなく、カリキュラムや指導法といった幅広い情報の共有にもつながりました。

　この本は Arduino に初めて触れる完全な未経験者のために書かれています。

対象読者

　この本は、エレクトロニクスとプログラミングを学びたい初心者のために書かれています。経験は不要です。技術的厳密さを求めるエンジニア指向の人には物足りなかったり、納得できない部分があるかもしれません。正統派の電子工学を学びたい人には専門書を読んでもらうことにして、この本ではArduino流の考え方とやり方を解説していきます。

　Arduinoがポピュラーになるにつれて、実験者、ホビイスト、そしてハッカーたちが美しくクレージーな作品を作るために使うようになりました。人はみな生まれながらにアーティストでありデザイナーなのです。

—— Massimo

> Arduinoは、Interaction Design Institute Ivrea在学中にケイシー・リース（Casey Reas）と私のもとで学んだエルナンド・バラガン（Hernando Barragan）の研究成果であるWiringをベースにしています。

インタラクションデザイン

　Arduinoはプロトタイピングを重視するインタラクションデザインの教材として生まれました。「インタラクションデザイン」という言葉には複数の定義がありますが、私が好きなのはこれです。

インタラクションデザインとはあらゆるインタラクティブな経験のデザインである。

　人々が工業製品や私たちの作品に接するとき、豊かな経験が生まれるかどうかはインタラクションデザインしだいです。人とテクノロジーの間の美しい——ときには論争を呼ぶ——関係を探求する上で、インタラクションデザインに着目するのは良い方法と言えるでしょう。

　インタラクションデザインに使われる手法のなかで、もっとも重要なのがプロトタイピングです。適合度を高めながら繰り返しプロトタイプを作ることでデザインを強化していきます。この方法はテクノロジー、とりわけエレクトロニクスを取り入れたいときに適しています。

　Arduinoに関係するインタラクションデザインの一領域がフィジカルコンピューティング（あるいはフィジカルインタラクションデザイン）です。

フィジカルコンピューティング

　フィジカルコンピューティングとは、エレクトロニクスを使って創造的なものづくりをすることです。センサとアクチュエータを通じて人間と意思疎通するものを設計することが、その中心課題となるでしょう。そうしたものをコントロールするのは、マイクロコントローラ（マイコン）の中で動作するソフトウェアで、マイコンは1つのチップに機能が集約された小さなコンピュータです。

　従来、エレクトロニクスを利用するには、技術者に頼んで小さな部品から電子回路を作ってもらわなければなりませんでした。使用するツールも多くは技術者専用で、大量の知識を必要とし、クリエイターが直接いじって遊べるようなものではなかったのです。しかし、近年、マイコンが安く便利になり、コンピュータの性能が向上したおかげで、使い勝手の良いツールを作れるようになってきました。

2 Arduinoの流儀
The Arduino Way

デザインについて語ることよりも作ることのほうがArduinoの哲学に適っています。良いプロトタイプを作るために、より速く、よりパワフルな手法を探索し続けることが重要です。自分の手を使って考えながら、いろいろなテクニックを試し、発展させましょう。

　古典的な工学は、A地点からB地点へ向かう厳密なプロセスに依拠しています。一方、Arduino流のやり方は、道に迷ったあげくC地点にたどり着いてしまう可能性を楽しんでしまいます。

　これが私たちの愛するtinkeringのプロセス──開放されたメディアで遊びながら予期しないものを探す行為──です。また、そうした探索の過程で、ハードとソフトの両面から試行錯誤を繰り返すのに最適なソフトウェアパッケージを見つけました。

　この章ではArduinoの流儀に影響を与えた哲学、出来事、そしてパイオニアたちを紹介します。

Prototyping
プロトタイピング

　Arduinoの流儀の核心はプロトタイピングです。オブジェクトと相互作用するオブジェクト、あるいは人間やネットワークと対話するオブジェクトを作ります。可能な限り安くてシンプルで速いプロトタイプの作り方を求めて奮闘してください。

　初めてエレクトロニクスに触れる初心者は、一からすべてを作り上げなくてはいけないと考えがちなのですが、それはエネルギーの無駄遣いというものです。あなたにとって大事なのは、自分のやる気が消えてしまう前に、あるいは誰かがあなたにお金を払いたいと思ってくれているうちに、すばやく何かを作り上げることのはずです。

　大会社の優秀なエンジニアたちが重労働して開発した製品をハックすれば済むのに、全部自分で作るという、時間を食い技術的な知識を要求するプロセスにエネルギーを浪費する必要がありますか？　ご都合主義的プロトタイピングで行きましょう。

Tinkering

いじくりまわす

　ときには明確なゴールを持たないまま、ハードウェアやソフトウェアの可能性を直接的に探索し、テクノロジーで遊んでみることが重要であると私たちは考えています。

　既存のテクノロジーを再利用することが、一番良い tinkering の方法です。安いオモチャや使われなくなった古い機械をバラバラにして、なにか新しいモノに作りかえることは、良い結果を生む手法の1つです。

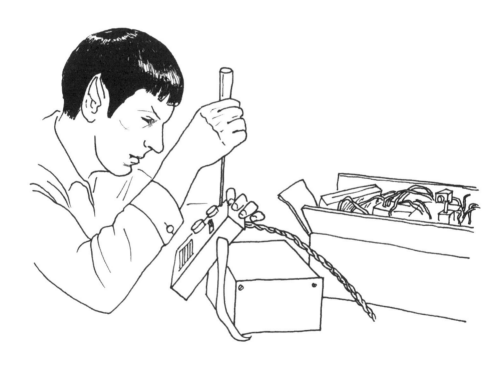

We Love Junk!

ジャンク大好き！

　人はさまざまなテクノロジーを捨てます。古くなったコンピュータやプリンタ、特殊な事務機、測定器、そして膨大な量の軍用品が日々廃棄されています。こうした放出品を扱うマーケットも常に存在していて、それはとくに若くて貧しいハッカーのためのものです。私たちがArduinoを開発したイブリアにもありました。

　イブリアはオリベッティの本社があった街です。オリベッティは1960年代にコンピュータの生産を始め、1990年代半ばにあらゆるものをイブリアの廃品置き場へ放り出しました。そこにはコンピュータ部品や電子部品、それからあらゆる種類の変わったデバイスがあり、ハッカーたちは何時間もそこで過ごして、作品に使えそうなガラクタをわずかな代金で買ったものです。ほんの少しの出費で数千個のスピーカを手に入れられるとしたら、誰だってそれで何ができるかを考えはじめることでしょう。作品を一から作ろうとする前に、ジャンクを漁ってみるのも1つの手です。

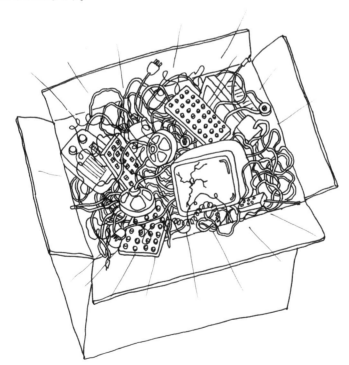

Hacking Toys

オモチャをハック

　オモチャはハックして再利用するのに適したチープテクノロジーの固まりです。中国から押し寄せる安いハイテクオモチャを改造すれば、アイデアをすばやく実現することができます。

　この数年来、私はオモチャを使って、テクノロジーは難しくも恐ろしくもないということを学生たちに教えようとしてきました。ウスマン・ハック（Usman Haque）とアダム・ソムレイ・フィッシャー（Adam Somlai-Fischer）による『Low Tech Sensors and Actuators』[†]という私が大好きな本には、オモチャを有効活用するテクニックが完璧に記述されています。

---

†　原注："Low Tech Sensors and Actuators"Usman Haque and Adam Somlai-Fischer (lowtech.propositions. org.uk).

Collaboration

コラボレーション

　ユーザー間のコラボレーションはArduinoにおける基本原理の1つです。世界中の人々が
フォーラム（forum.arduino.cc）を通じて共に学んでいます。また、Arduinoはプロジェクト
ハブ（https://create.arduino.cc/projecthub）というウェブサイトを立ち上げました。ここ
でユーザーは自分のプロジェクトを記録し、他のユーザーと共有できます。他者のために知
識を公開するユーザーがたくさんいます。素晴らしいことですね。

3 Arduinoプラットフォーム
The Arduino Platform

Arduinoは大きく分けて2つの要素から成り立っています。Arduinoボードは作品製作に使うハードウェアです。Arduino IDEはソフトウェアで、あなたのコンピュータの上で動作します。Arduinoボードにアップロードするスケッチ（小さなコンピュータプログラム）を作るためにこのIDEを使います。スケッチはボードに何をすべきか伝えます。

　そう遠くない昔の話ですが、ハードウェアに取り組むということは、数百個もの抵抗器、コンデンサ、インダクタ、トランジスタといった聞き慣れない名前の部品を使って、一から回路を組み立てることを意味しました。

　回路は単一の用途のために配線されていて、どこか変更することになると、線を切ったりハンダ付けをしなおしたりといった作業が必要になったものです。

　デジタル技術とマイクロプロセッサの登場によって、電線を使う変更のきかないやり方はソフトウェアにとって代わられました。

　ソフトウェアはハードウェアよりも変更が簡単です。いくつかのキーを押すだけで、ある装置のロジックを劇的に変えることができます。抵抗器を2個ハンダ付けする時間で、2つか3つのバージョンを試すことができるでしょう。

Arduinoのハードウェア

　Arduino Unoの表面を見ると、28本の「足」が生えた黒くて細長いチップがあるでしょう。SMDタイプのボードには薄くて小さな正方形のプラスチックが載っているはずです。これが心臓部、ATmega328Pマイコンです。

 Arduinoボードはバラエティ豊富ですが、本章で解説するArduino Unoがもっとも一般的。9章ではArduinoファミリーの全体像と、新しいARMボードについて説明します。

Arduinoボードは小型のマイコンボードです。小さな電子回路基板（ボード）の上にもっと小さなチップ（マイクロコントローラ＝マイコン）が載っています。Arduinoのマイコンが持っているパワーは、この原稿を書くのに使っているMacBookの数千分の一に過ぎませんが、ずっと低価格で、面白いデバイスの開発にとても役立ちます。

　マイコンが正しく動作し、コンピュータと通信するのに必要な機能がすべて1枚のボードにまとめられています。Arduinoボードには多くの種類がありますが、本書で使用するArduino Uno[†]はもっとも簡単に使え、Arduinoを学ぶのに最適な機種です。この本に書かれていることのほとんどは、初期の機種を含むすべてのArduinoボードに適用できます。

　図3-1に上からみたArduino Unoを示します。

　Arduinoの上面に並んでいる板状のものは端子の集まりで、ここにセンサやアクチュエータを接続します。センサは外界の状態を読み取ってコンピュータが理解できる信号に変換し、アクチュエータは信号を外界に作用する動きに変換します。

　たくさんの端子があるので、最初はちょっと混乱するかもしれません。ここでは、本書で使う入力ピンと出力ピンについて簡単に説明します[‡]。より詳しい説明は各ピンを実際に使うとき改めてしますので、まずは概要を掴んでください。

14本のデジタルIOピン（pin 0〜13）

　入力（INPUT）または出力（OUTPUT）として使えます。IDEで作成するスケッチのなかでどちらかに設定します。センサから情報を読み取るときは入力、アクチュエータをつなぐときは出力です。デジタルピンで扱う値は2種類（HIGHかLOW）だけです。

6本のアナログINピン（pin 0〜5）

　アナログピンはアナログセンサの電圧を読み取るのに使います。HIGHかLOWしかないデジタルピンと違い、アナログピンは電圧を0から1023の値として認識します。

---

† 　訳注：Arduino Unoの入手方法（ショップ名、品番、URL）
秋月電子通商：M-07385（akizukidenshi.com）
共立電子エレショップ：C1I361（eleshop.kyohritsu.com）
スイッチサイエンス：ARDUINO-A000066（www.switch-science.com）
ストロベリー・リナックス：35018（strawberry-linux.com）
マルツ：ARDUINOUNO（www.marutsu.co.jp）
‡ 　訳注：ピンと端子
Arduinoの入出力端子はピン（pin）と呼ばれます。マイコンから突き出ている銀色のピンがその由来ですが、Arduinoボードを使うときは黒いコネクタの穴のことを指していると理解した方がいいかもしれません。コネクタの穴とマイコンのピンは電気的につながっています。

6本のアナログOUTピン（pin 3、5、6、9、10、11）

　デジタルピンの6本はアナログ出力として使うこともできます。どのピンをアナログ出力とするかは、スケッチで指定します。

　ArduinoボードはコンピュータのUSBポート、USB充電器、ACアダプタなどを電源とすることができます（ACアダプタは9ボルトの2.1ミリ・センタープラス型を推奨）。同時にUSBと電源端子の両方に電源をつないでもかまいません。その場合は電源端子につながれたACアダプタが電源となります。

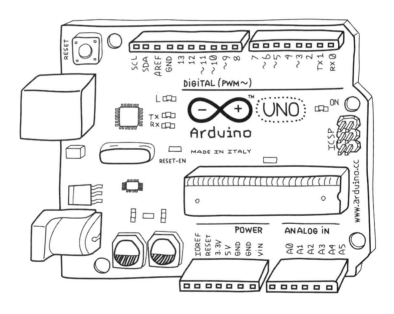

図3-1 Arduino Uno

ソフトウェア（IDE）

IDE（Integrated Development Environment＝統合開発環境）はあなたのコンピュータで動作するArduino専用のソフトウェアです。Processing言語（www.processing.org）を元にしたシンプルな言語を使って、Arduinoボードで実行するスケッチを書くことができます。

スケッチをボードへアップロードするボタンを押すと、マジックの始まりです。スケッチはまずC言語（初心者にはちょっと難しいプログラミング言語）に変換され、そのあとavr-gccというオープンソースソフトウェアへ渡されます。avr-gccの役目はC言語のプログラムをマイコンが理解できる形式へ翻訳することです。最後に、形を変えたスケッチはボードへと送られ、実行されます。

こうした一連の処理は見えないところで自動的に行われます。Arduino IDEはマイコンプログラミングの複雑さを可能な限り隠すことで、人生をシンプルにしてくれるわけです。

Arduinoプログラミングの基本的な手順は次の通りです。

1. コンピュータのUSBポートにArduinoボードを接続。
2. IDEの上でスケッチを書く。
3. スケッチをボードへUSB経由でアップロードし、ボードがリスタートするまで数秒間待つ。
4. ボードがスケッチを実行する様子を観察する。

Arduino IDEのインストール方法

ArduinoボードをプログラムするためにはまずIDEをインストールする必要があります。下記のページから、あなたのオペレーティングシステム（OS）に合うファイルをダウンロードしてください[†]。

www.arduino.cc/en/Main/Software

IDEのインストール：macOS編

ダウンロードしたファイル（arduino-ide_xxx.dmg）をダブルクリックするとArduino IDEが現れます。これをアプリケーションフォルダへコピーしたらインストール完了。

---

† 訳注：arduino.ccからIDEダウンロードのリンクをクリックすると寄付を募るページが表示されます。Arduinoプロジェクトへ資金提供を行いたい人はここで金額と支払い条件を入力して "Contribute & Download" を選択します。寄付をせずダウンロードする場合は "Just Download" をクリックしましょう。

ドライバの設定：macOS編

Arduino Unoはmacが提供するドライバを使うので、ユ　ザーがインストールする必要はありません。

ArduinoボードとmacをusBケーブルでつないでみましょう。onというラベルのLEDが点灯し、LというラベルのLEDが点滅を始めます。

 Macにボードを接続したとき、新しいネットワークインターフェースが検出されたことを示すポップアップウインドウが表示されることがあります。その場合はネットワーク環境設定を開き、「適用」をクリックしてください。Arduinoボードのためにネットワークの設定をする必要はないので、そのまま設定ウインドウを閉じてかまいません。

ソフトウェアの準備はこれで完了。次はArduinoボードが接続されているポートの選択です。

ポートの確認：macOS編

USBケーブルでボードが接続されている状態でArduino IDEのアイコンをダブルクリックしてIDEを起動してください。

最初にIDE上で正しいポートを選ぶ操作が必要です。「ツール」メニュー[†]の「ポート」を開き、「/dev/cu.usbmodem」か「/dev/tty.usbmodem」で始まる項目を選択してください。「/dev/cu.usbmodem01234 (Arduino Uno)」のように、接続したボードが表示されたときは、この名前を見て選んでも構いません。

---

† 訳注：日本語環境でArduino IDEを実行すると、メニューや基本的なメッセージは日本語で表示されます（英語も混在します）。たとえばメニューの「Tools」は「ツール」に変更されます。もし日本語が表示されないときは、メニューを「Arduino IDE」→「Preferences...」→「Language」とたどり、「言語 (Language)」を「English」から「日本語」へ変更してください。

図3-2 macOS版Arduino IDEでポートを選択。メニューからだけでなく、エディタ上部のリストからポートとボードを選ぶこともできる。

　ここまで来たらあと少し。接続したボードが選択されていることを確認してください。「ツール」メニューの「ボード」を開くと「Arduino Uno」が選択されているでしょうか？　何も選択されていないか違うボードの名前が表示されている場合は、このメニューを「Arduino AVR boards」→「Arduino Uno」とたどって設定します。Uno以外のボードを使うときは、そのボード名を見つける必要があります。

　おめでとう！　Arduinoのインストールが終わりました。次の章へ進みましょう。

<hr>

うまくいかないときは、11章「トラブルシューティング」を参照してください。

<hr>

IDE のインストール：Windows 編

　ダウンロードしたインストーラ（exe ファイル）をダブルクリックし、ライセンスを確認したら
「同意する」ボタンを押してください。

　その先の質問には「次へ」と回答すればインストールが始まります。

　途中、進行が止まる時間があるかもしれませんが、辛抱強く待ってください。最後に「完了」
ボタンを押してインストール完了です。

ドライバの設定：Windows 編

　Arduino ボードと Windows PC を USB ケーブルでつないでみましょう。ON というラベ
ルの LED が点灯し、L というラベルの LED が点滅を始めます。

　Windows が正しいドライバを自動的に見つけるので、ユーザーによる設定は不要です。

 もしこの段階で問題が生じたら、11 章の「Windows 用ドライバーの自動インストールに失
敗したとき」を参照してください。

ポートの確認：Windows 編

　USB ケーブルでボードが接続されている状態で、Arduino IDE のアイコンをダブルクリッ
クして IDE を起動してください。初回の実行時に Windows Defender がセキュリティー上の
確認を求めるかもしれません。その場合は「アクセスを許可する」ボタンを押してください。

　はじめに IDE 上で正しいポートを選ぶ操作が必要です。「ツール」メニューの「ポート」を開
くと「COM3」とか「COM10」といったポートの名前が表示されます[†]。ポートが 1 つだけなら
迷わないのですが、複数ある場合は、「COM3 (Arduino Uno)」のように表示されるボード
名も確認して正しいポートを選択してください。

　もし、どのポートが Arduino のポートかわからないときは次のようにします。まず「ポート」
メニューに表示されている COM ポートの番号を全部メモしてください。そうしたらいったん
ボードから USB ケーブルを抜いて、再度メニューを開きます。メモと比較して、このとき消え
ているポートが Arduino のポートということになります。

---

† 　訳注：もし日本語のメニューが表示されないときは、「File」メニューから「Preferences...」を選択し、「言語
(Language)」を「English」から「日本語」に変更してください。

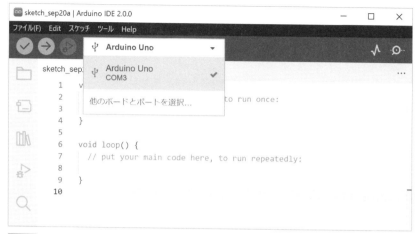

図3-3 Windows版Arduino IDEでも、メニューからだけでなく、エディタ上部のリストからポートとボードを選ぶことができる。

 COMポートの識別ができないときは、11章の「WindowsでArduinoが接続されているCOMポート番号を調べる方法」を参照してください。

　ここまで来たらあと少し。使用するボードをメニューから選択します。
「Tools」メニューの「Board」を開き、「Arduino Uno」をクリックしてください。Uno以外のボードを使用するときも、このメニューで正しいボード名を選択します。
　おめでとう！　Arduinoのインストールが終わりました。次の章へ進みましょう。

IDEのインストール：Linux編

　Arduino IDE 2.0.0のLinux用インストーラはAppImage方式とzipファイルの2種類あります[†]。ここでは手軽なAppImage版で説明します。
　まずダウンロードしたファイルのパーミッションを実行可能に変更してください。GUIは環境によって異なるので、コマンドラインで行う方法を示します。

---

† 訳注：原書ではtarファイルで配布されていた時期の手順が説明されていますが、翻訳時のダウンロードページにtarファイルはなく、あるのはX86/64ビット用のAppImageとzipファイルだけでした。検証はDebian11 (amd64) で行いました。

```
chmod a+x arduino-ide_xxx.AppImage
```

そうしたら実行です。たとえば、こんなふうに。

```
./arduino-ide_xxx.AppImage
```

使用条件に対して同意を求めるダイアログが表示されるかもしれません。それには「Agree（同意）」のボタンを押しましょう。すると、別のウインドウが開いてIDEが立ち上がります。

ドライバの設定：Linux編

通常、Arduino UnoはLinux OSが提供するドライバを使用するので、インストールする必要はありません。

シリアルポートの権限設定

Arduinoボードが使用するシリアルポートの権限（パーミッション）を変更する必要があります。これを忘れると、アップロード時にエラーとなります。dialoutグループに自分を追加してください。その方法の一例は次のとおり。

```
sudo usermod -a -G dialout $USER
```

この設定変更のあと、再ログインまたは再起動が必要となるかもしれません。

ポートの確認：Linux編

ArduinoボードがUSBポートに接続されている状態で「ツール」メニューのポートを見ると、「/dev/tty」で始まるデバイス名が見つかるはずです。複数表示された場合は、Arduino Unoと表示されているものが該当するポートです。

次に接続したボードが選択されていることを確認してください。「ツール」メニューの「ボード」を開くと「Arduino Uno」が選択されているでしょうか？　何も選択されていないか違うボードの名前が表示されている場合は、このメニューを「Arduino AVR boards」→「Arduino Uno」とたどって設定します。Uno以外のボードを使うときは、そのボード名を見つける必要があります。

おめでとう！　Arduinoのインストールが終わりました。次の章へ進みましょう。

4 スケッチ入門
Really Getting Started with Arduino

それではいよいよインタラクティブなデバイスの作り方を学んでいきましょう。

インタラクティブデバイスの解剖学

　Arduinoを使って作るオブジェクトはすべて「インタラクティブデバイス」と称してかまわないでしょう。

　インタラクティブデバイスはセンサ（現実世界を測定した結果を電気信号に変える素子）を使って環境の情報を読み取ることができる電子回路です。センサからの情報はソフトウェアとして実装された「ふるまい」に基づいて処理されます。また、インタラクティブデバイスはアクチュエータ（電気信号を物理的な動きに変換する素子）を通じて現実世界に働きかけることができます。

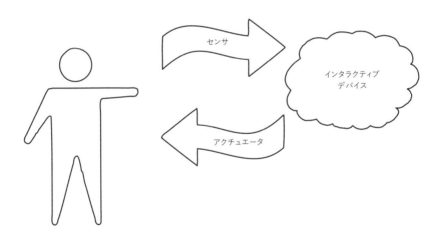

図4-1 インタラクティブデバイス

センサとアクチュエータ

　センサとアクチュエータはインタラクティブデバイスが世界と電子的に相互作用することを可能にします。

　小さなコンピュータであるマイコンが処理できるのは電気信号（私たちの脳のなかでニューロンの間を飛び交う電気的なパルスにちょっと似ています）だけなので、光や温度を知るためには、それを電気信号に変えてくれる何かが必要です。私たちの身体を例にすると、目は光を信号に変えるセンサといえます。これと同じことを電子的にやるとしたら、フォトレジスタ（CdS）と呼ばれるシンプルな素子を使うことができるでしょう。フォトレジスタは受けた光の量を測り、マイコンが理解できる信号として報告します。

　センサから受け取った情報は、判断材料となります。どう反応すべきか判断を下すのはマイコンの役目で、反応を外に示すのはアクチュエータです。もう一度私たちの身体を例にすると、目からの情報をもとに脳が判断し、脳からの信号を受けた筋肉が運動するという流れになります。

　アクチュエータとして使われることが多いのはライトや電気モータです。さまざまなセンサとアクチュエータの使い方については、次の章以降で触れます。

LEDを点滅させる

　LED点滅スケッチはArduinoボードとArduino IDEが正常に動作するかテストするために、一番はじめに実行すべきプログラムです。また、マイコンプログラミングの最初の練習にも最適です。

　発光ダイオード（LED）は豆電球に似ていますが、ずっと効率的で扱いやすい電子部品です。Arduinoボードにはこの例で使用するLEDがあらかじめ載っていて、Arduino Unoの場合は13番ピンの下にある「L」のラベルがついたLEDがそれです。図4-2のように、13番ピンの穴に自分のLEDを差し込んで試すこともできます[†]。

....

 LEDを長時間点灯させたい場合は、図5-4のように抵抗器を使用してください。

....

---

† 　訳注：LEDの入手先（ショップ名、品番、URL）：
秋月電子：I-1317（akizukidenshi.com）
LEDは種類がとても多いので、ひとつだけ定番と見なせそうなものを紹介しました。自分で探すときは、直径5ミリで単色のものを選んでおけばまず大丈夫。本章のように使う場合、自己点滅型や高出力型は不向きです。
‡ 　訳注：著者はスケッチとコードという2つの言葉を厳密には使い分けていませんが、この本においてはプログラム全体がスケッチで、それを構成する1行あるいは複数行がコードという捉え方でだいたい良いと思います。

「K」の文字がある短いリード線をカソード、「A」が付いている長いリード線をアノードといい、カソードはマイナス側（GND）に、アノードはプラス側に接続します。

　ＬＥＤを接続したら、コード[‡]を書いてArduinoにするべきことを伝えます。コードはマイコンに与える命令のリストです。

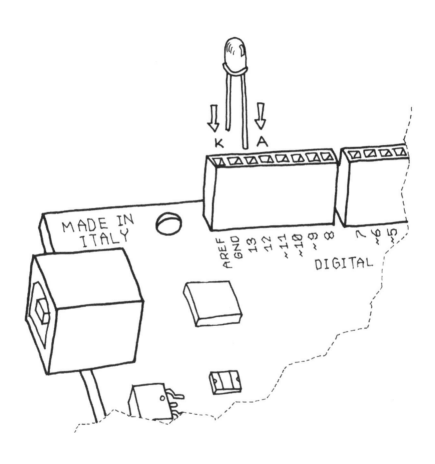

図4-2 LEDをArduinoボードに接続する

Arduinoアイコンをダブルクリックして、Arduino IDEを実行しましょう。Macユーザーの人は自分でアイコンをアプリケーションフォルダなどにコピーしましたね。Windowsの場合、アイコンはデスクトップやスタートメニューにあるはずです。

IDEが立ち上がったら「ファイル」メニュー→「新規」と選択して新しいスケッチを開き、下記のスケッチ（Example4-1）を打ち込んでください。

また、IDEと一緒にインストールされるスケッチの例のなかにも、ほぼ同じスケッチが含まれていて、「ファイル」メニュー→「スケッチ例」→「01.Basics」→「Blink」とたどっていくと開くことができます。ただし、本書のコードと動作は同じですがコメントや改行の位置などは異なります。

Example 4-1 LEDの点滅

```
// Blinking LED

const int LED = 13;    // LEDはデジタルピン13に接続

void setup()
{
  pinMode(LED, OUTPUT); // デジタルピンを出力に設定†
}

void loop()
{
  digitalWrite(LED, HIGH); // LEDを点ける
  delay(1000);             // 1秒待つ
  digitalWrite(LED, LOW);  // LEDを消す
  delay(1000);             // 1秒待つ
}
```

---

† 訳注：日本語のコメント（//から始まる部分）を入力するのが面倒なときは、省略してしまっても大丈夫。

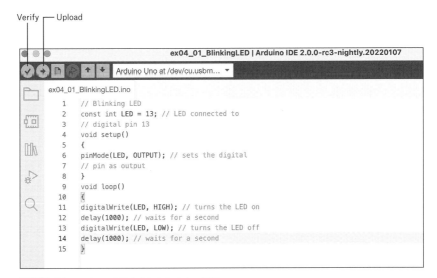

Arduino Uno at /dev/cu.usbm... ▼

ex04_01_BlinkingLED.ino

```
1    // Blinking LED
2    const int LED = 13; // LED connected to
3    // digital pin 13
4    void setup()
5    {
6    pinMode(LED, OUTPUT); // sets the digital
7    // pin as output
8    }
9    void loop()
10   {
11   digitalWrite(LED, HIGH); // turns the LED on
12   delay(1000); // waits for a second
13   digitalWrite(LED, LOW); // turns the LED off
14   delay(1000); // waits for a second
15   }
```

図4-3 最初のスケッチが入力されたArduino IDE

　IDEにスケッチを入力したら、間違いがないか確認しましょう。左端のチェックマーク型の
ボタンを押してください。検証（Verify）を実行するボタンです。あなたが入力したスケッチ
に1つの誤りもなければ、「コンパイル完了」というメッセージがArduino IDEの下部に表示
されるはずです。このメッセージは、あなたのスケッチをArduinoボードが実行可能なもの
に翻訳した、という意味です。

　スケッチに間違い（エラー）があると、赤字でエラーメッセージが表示されます。おそらく打
ち間違いが原因ですから、入力したスケッチを慎重に見直してエラーを発見し、訂正してくだ
さい。閉じカッコや行末のセミコロン（;）を忘れていませんか？　小文字にすべきところを大
文字にするのもダメです。0とO（ゼロとオー）、1とl（イチとエル）の間違いにも気をつけま
しょう。

　スケッチに間違いがないことを確認したら、いよいよボードにそのスケッチを書き込み
ます。右向き矢印の「書き込み（Upload）」ボタンを押してください。するとIDEはすぐさま
Arduinoボードをリセットし、USB経由でスケッチを送り始めます。このとき、ウィンドウ下
部にいくつかのメッセージが表示されるでしょう。「書き込み完了」のメッセージは、処理が正
常に終了したことを示します。L印のLEDが1秒間隔でチカチカしたら、スケッチが正しく動
いている証拠です。図4-2のように、自分でLEDを取り付けた場合も、同じように光ります。

　RXとTXという印が付いた2つのLEDがボード上にあります。これらはボードがデータを
送ったり受け取ったりしているときに点灯します。アップロード中には、細かく点滅して見える
はずです。

もしこの点滅が見られなかったり、「アップロード完了」の代わりにエラーメッセージが表示されたときは、コンピュータとArduinoボードの通信に問題があります。「ツール」メニューの「ポート」で、正しいシリアルポートが選択されているか確認してください（3章参照）。また、「ツール」メニューの「ボード」で使用中の機種が選ばれていることも確認してください。それでもまだ問題が解決しない場合は、11章「トラブルシューティング」を参照してください。

なお、Arduinoボードにアップロードしたスケッチは、別のスケッチをアップロードするまでボード上に残ります。リセットや電源オフによって消えることはありません。

さて、最初の「コンピュータプログラム」を書き、実行することができました。すでに述べたように、Arduinoは小さなコンピュータであり、あなたがさせたいことをプログラムすることができます。そのためには、プログラミング言語を使って一連の命令をArduino IDEに打ち込み、Arduinoボードで実行できる形式に変換する必要があります。

次の節から、スケッチの理解に欠かせない事柄を説明していきます。まずここで、Arduinoはスケッチを1行目から最終行へ向かって順番に実行していく、ということを覚えてください。あなたがこの本を上から下へ1行ずつ読むのと同じです。

そのパルメザンを取ってください

はじめに、複数行のコードをまとめる、波カッコ { } の存在に注目してください。これは命令の集合に名前を付けたいときに役立ちます。

あなたがディナーの席上で誰かに「そのパルメザンチーズを取っていただけませんか?」と頼んだとしましょう。この短いフレーズは、そのあと起こるであろう一連のアクションを要約しています。相手が人間ならこれで機能します。しかし、人間の脳ほどパワフルな処理能力を持っていないArduinoのような存在に対しては、パルメザンを手渡すのに必要な小さいアクションを1つ1つ伝えてやらなければなりません。これが、波カッコで複数の命令を囲って、1つのグループにまとめる理由です。

コードを見ると、こんなふうに定義された2つのブロックがありますね。

```
void setup()
```

この行に続く { から } までがブロックです。void setup() はこのブロックにsetupという名前を与えています。もし、パルメザンの手渡し方をArduinoに教えるとしたら、void passTheParmesan() と書くことでしょう。このようなブロックのことを関数と呼び、いったん関数化してしまえば、スケッチのどこかにpassTheParmesan() と書くだけで、そこに含まれる命令を実行できます。

常にArduinoは命令を1つずつ順番に実行します。2つの命令を同時に実行することはありません。関数が複数あるときも、ある関数の命令を実行し終えてから、別の関数へジャンプします。

Arduinoは止まらない

スケッチにはかならず setup() と loop() という2つの関数が存在します。

setup() には、スケッチが動き始めたときに一度だけ実行したいコードを書きます。loop() には繰り返し実行されるスケッチの核となる処理を書きます。

Arduinoは普通のコンピュータと違って、同時に複数のプログラムを実行したり、実行中のスケッチを自ら止めることができません。Arduinoボードの電源を入れるとスケッチは走り始めます。スケッチを終了させたいときは、ただ電源を切ります。

真のハッカーはコメントを書く

// で始まるテキストはコメントと呼ばれ、Arduinoから無視されます。コメントを残すのは、Arduinoのためではなく、あとで自分のコードを読むときに内容を思い出せるようにするためです。また、他人がコードを理解する助けにもなります。

スケッチを書いてアップロードし、「よし、できた。もうここはいじらないぞ」と言った6ヶ月後にバグを直すハメになる、ということは普通に起こります（もちろん、私の場合はいつもそんな感じです）。もし、開いたファイルにコメントがまったくなかったら「いったいどこから手を付ければいいんだ?」と嘆くしかありません。スケッチを読みやすく、そしてメンテナンスしやすくするための工夫を取り入れましょう。

1行ずつのコード解説

もしかするとあなたは、この手の解説を不要と考えるかもしれません。イタリアの学校では、かならずダンテの「神曲」やマンゾーニの「いいなづけ」を勉強するのですが、あれは悪夢でした。詩の一行一行に、100行ずつ解説がついているんです！　とはいえ、自分でスケッチを書こうとする人にとっては、ここでする説明はとても役に立つと思います。

```
// Blinking LED
```

コメント機能はスケッチのなかに短いメモを残したいときに便利です。このコメントは、このスケッチがLEDを点滅（blink）させることを思い出させます。

```
const int LED = 13; // LEDはデジタルピン13に接続
```

この行はLEDが13番ピンに接続されることを示しています。Arduinoはプログラム中にLEDという単語を見つけると13という数値に置き換えて処理します。const intは、LEDが整数（int）であり、プログラムの実行中に変更されない（constant）という意味です。このようなデータを定数といい、定数は一度定義した後はもうそのスケッチの中での変更はできません。

ここで12でも14でもなく13と定義しているのは、13番ピンにLEDが接続されているからで、「LED」と大文字になっているのは、定数は大文字で記述するのが一般的だからです。

```
void setup()
```

この行は、次のブロックがsetup()という名前で呼び出されることをArduinoに告げています。

```
{
```

この波カッコで、コードのブロックが始まります。

```
pinMode(LED, OUTPUT); // デジタルピンを出力に設定
```

やっと面白い命令が登場しました。pinMode()はピンをどう設定すべきかをArduinoに伝えます。デジタルピンは入力（INPUT）か出力（OUTPUT）のどちらかとして使えますが、この例ではLEDをコントロールするために出力ピンが必要なので、ピン番号を表す「LED」と「OUTPUT」を指定しています。

pinModeは関数です。関数の後ろのカッコの中に置かれる言葉や数字を引数といいます。pinMode関数は2つの引数を必要とし、1つ目でピン番号、2つ目でそのピンの状態を指定します。LEDはこのスケッチで定義した定数（LEDという定数がピン番号の13に置き換わることを思い出してください）、OUTPUTやINPUTはArduino言語であらかじめ定義されている定数です。pinModeのような関数に定数をいくつか渡すコードは頻繁に登場します。

```
}
```

この閉じ波カッコはsetup()関数の終わりを示しています。

```
void loop()
{
```

loop()は、あなたのインタラクティブデバイスのふるまいを決める部分です。loop()はボードの電源が切られるまで、何度も繰り返し実行されます。

```
digitalWrite(LED, HIGH);  // LEDを点ける
```

digitalWrite() は出力に設定されたピンをオンまたはオフにします。pinMode関数
と同様に引数が2つあり、1つ目の引数はどのピンをオンオフするか指定するためのもの。2
つ目の引数はピンをオン（HIGH）にするかオフ（LOW）にするかを指定しています。

ではなぜON と OFF ではなくHIGH と LOW なのか？ それは HIGH なら ON、LOW なら
OFF とは限らないからです。設計によっては、ピンを LOW にすると LED が点灯する回路も
可能であり、あくまでも Arduino は出力ピンの電圧を高低2段階で制御しているだけです。
ピンを HIGH にすると LED がオンとなる回路を組むのはユーザーの責任と言えるでしょう。

Arduino の出力ピンを、あなたの家の壁にあるコンセントのようなものと考えてみましょ
う。ヨーロッパのコンセントは230V（ボルト）、アメリカは110V ですが、Arduino のそれは
もっとずっとささやかで、わずか5V です。その代わり Arduino のコンセントはソフトウェア
の魔力により digitalWrite(LED, HIGH) と書くだけでオンオフが可能で、このスケッ
チではそれを LED の点滅に利用しています。大事なのは、ソフトウェアのなかの1つの命令
が、あるピンの電気の流れをコントロールすることによって物理世界で何かが起こるという点
です。この例では、ピンのオンオフを目で見えるようにしました。LED は私たちの最初のアク
チュエータです。

```
delay(1000);              // 1秒待つ
```

あなたのノートPC と比べたら Arduino はとても遅いコンピュータ。しかし、それでも極
めて速いのです。LED をオンにした後すぐオフにしたら、速すぎて何が起きているのかわか
りません。ある程度の時間、点灯を続けるよう、Arduino を待たせる必要があります。
delay() はそのための命令で、指定したミリ秒だけスケッチの実行を停止し、その後、次の
行に処理が移ります。停止している間、Arduino は何もせず、ピンの状態も変えません。ここ
では1000ミリ秒、つまり1秒の停止時間を指定しています。

```
digitalWrite(LED, LOW);  // LEDを消す
```

この命令で、さきほどオンにした LED を消します。

```
delay(1000);              // 1秒待つ
```

ここでもういちど1秒間止まります。LED は1秒間消えます。

```
}
```

loop関数の終わりを表す波カッコです。このあとArduinoはloop()の1行目に戻って処理を再開します。

整理すると、このプログラムは次のように動作します。

- ピン13を出力に設定（最初に一度だけ）。
- ループに入る。
- ピン13につながったLEDをスイッチオン。
- 1秒間待つ。
- ピン13につながったLEDをスイッチオフ。
- 1秒間待つ。
- ループの頭に戻る。

ここまでが苦痛でなかったことを祈ります。全部を理解できなかったとしても、がっかりしないでください。新しい概念を理解するには時間がかかるものです。

続く章で、さらにプログラミングについて学びますが、その前にもう少しこのスケッチをいじって遊んでみてください。たとえば、delayを短くしたらどうなるでしょう。オンオフする時間を変えると違う点滅パターンが現れます。とくに、delayの引数をうんと小さくしたときに何かが起こるはずです。この「何か」が、あとでパルス幅変調を学ぶときにとても役立ちます。

作ろうとしているもの

私は明かりとそれを制御する技術にずっと魅了されてきました。制御された明かりが人間と相互作用する作品を作るときに幸せを感じます。Arduinoはこの分野に最適です。

—— Massimo

ここからは「インタラクティブランプ」のデザインに取り組んでいきます。出力ピンの先にはLEDを接続しますが、LED以外のものをコントロールする技術の基礎にもなります。Arduinoを使ってインタラクティブなデバイスを作る練習です。

製作に取りかかる前に、新米プログラマーのためにあえて月並みな方法で電気の基礎を説明しておきましょう。

電気って何?

　家で何かしら配線をしたことがあるなら、問題なくエレクトロニクスを理解できます。電気と電気回路の働きを理解するには、水にたとえてみるのが一番良い方法です。まず、次の図のような、電池で動くポータブルな扇風機を考えてください。

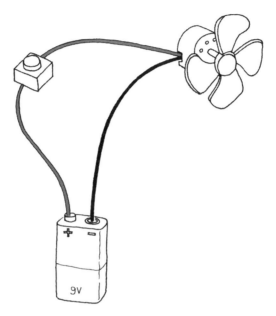

図4-4 ポータブル扇風機

　この扇風機を分解すると、小さな電池、2本の電線、1つのモーターが現れます。モーターにつながる電線の一方には、スイッチがついています。このスイッチを押すとモーターが回転し、私たちを涼しくしてくれます。さてこれはなんの働きでしょうか?　扇風機を水車に置き換えてみます。電池を貯水槽とポンプがあわさったものとイメージしてください。スイッチは蛇口で、モーターは水車です。蛇口を回すと、ポンプから水が流れ、水車が回り始めます(図4-5)。

　この水圧を利用したシンプルなシステムでは2つの要素が重要です。1つは水の圧力(ポンプの力で決まります)、もう1つがパイプを流れる水の量(パイプの太さと、水車が水の流れを妨げることの影響を受けます)です。

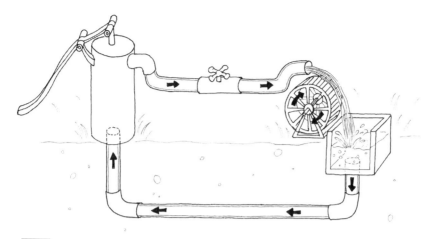

図4-5 水圧を利用したシステム

　この水車をもっと速く回す方法はすぐに思いつくでしょう。パイプを太くし、ポンプの圧力を上げます（どちらか片方では不十分です）。

　パイプを太くすると、流れる水の量が増えます。これは水の流れに対する抵抗を減らすことです。それだけでも水車の回転は速くなりますが、限界があります。同時に水の圧力も高くしてやることで、さらに速く回転するようになります。

　この方法で、水車がバラバラになるまで回転を速くすることができます。

　水車の回転について考えるとき、ほかにも注意すべき点があります。車軸の発熱の問題です。台の穴に通された回転軸は摩擦により熱を発します。これはこのようなシステムを理解する上で重要なポイントで、システムに注ぎ込まれたエネルギーはすべてが動きに変換されるわけではなく、非効率な部分でいくらかが失われ、システムの一部から発せられる熱として観察されることになります。

　さて、このシステムの重要な要素はなんでしょうか？　1つはポンプによって生み出される圧力です。それから、パイプと水車が水の流れにおよぼす抵抗。もう1つは、水の流れそのもので、これは1秒間に何リットルの水が流れるかによって表すことができます。

　電気は水のように働きます。ポンプのようなものがあり（コンセントや電池などの電源）、それが電気を押し出してパイプを流れていきます（電気の滝を想像してください）。電気におけるパイプは電線で、機器によってはそれが生み出す熱（おばあさんの電気毛布）や光（ベッドルームのランプ）、音（あなたのステレオ）、動き（扇風機）などを利用しています。

　電池の電圧が9Vだとしたら、この電圧が「ポンプ」の発揮しうる水圧と考えてください。電圧の単位は電池の発明者アレサンドロ・ボルタに由来するボルト（V）です。

　水圧に対する電圧に相当するものが、水の流量に対してもあります。電流がそれで、単位は電磁気学の創始者アンドレ＝マリ・アンペールにちなんだアンペア（A）です。

　電圧と電流の関係をもういちど水車を使って説明すると、高い電圧（圧力）は水車の回転を速め、大きな電流（流量）は大きな水車を回せることを意味します。

最後に登場するのは、電流を妨げる要素、抵抗です。単位はドイツ人物理学者ゲオルグ・オームからもらったオーム（Ω）を用います。オーム氏は電気に関するもっとも重要な法則（あなたがきちんと覚える必要がある唯一の公式）をまとめた人でもあります。

オーム氏は、ある回路の電圧、電流、抵抗は相互に関連しあっていることを立証しました。たとえば、電圧が決まっている回路で抵抗値がわかれば、電流の値が求められます。

これは直感的にもわかるはずです。9V の電池を簡単な回路につなぎ、電流を測りながら、抵抗を増やしていくと、電流の値はそれにつれて小さくなります。水車のアナロジーに戻り、パイプにバルブ（電気の世界での可変抵抗器に相当します）を取り付けて、ポンプの出力を一定にし、そのバルブをしだいに閉めてみましょう。抵抗が増加することで、水の流れは弱くなっていきます。

オームはこの法則を次のように要約しました。

R（抵抗）= V（電圧）÷ I（電流）
V = R × I
I = V / R

おすすめは最後の式（I = V / R）。なぜなら、この式によって、抵抗値のわかっている回路に電圧をかけたとき、何アンペアの電流が流れるかを計算できるからです。オームの法則を覚えておくと、スイッチを入れる前に電流を予測できます。

プッシュボタンを使ってLEDをコントロール

LED を点滅させるのは簡単ですが、デスクランプが読書の間じゅう机の上でチカチカしていたら気が変になりますよね。LED をコントロールする方法が必要です。

前の例では、アクチュエータとしての LED だけがあって、それを Arduino でコントロールしました。欠けていたのはセンサです。次の例で私たちはもっともシンプルなセンサであるプッシュボタンを使ってみます。

プッシュボタンを分解すると、とても簡単な構造になっていることがわかります。2つの金属片がバネに支えられていて、プラスチックのキャップが押されると、それらが接触する仕組みです。金属片が離れていると、電流は通りません（バルブが閉まっている状態です）。ボタンを押すと、流れ始めます。

スイッチの状態をモニターするために、新しい命令digitalRead()を覚えましょう。

digitalRead()はカッコの中で指定したピンに電圧がかかっているかどうかをチェックし、その結果をHIGHまたはLOWとして送り返します。これまでに使った命令は、言われたとおりにただ実行するだけで、なにも言って返しはしませんでした。そうした命令だけでは、外界から何も受け取れないので、決まり切ったシーケンスを繰り返すことしかできません。

digitalRead()を使うことで、Arduino は質問をすることができるようになります。そし

て、その答を記憶し、判断に役立てることができます。

　図4-6のような回路を組み立てましょう。いくつかの部品を入手する必要があります[†]。

・ブレッドボード
・ジャンプワイアキット
・10KΩ（オーム）の抵抗器
・モメンタリ型プッシュボタンスイッチ（タクトスイッチ）

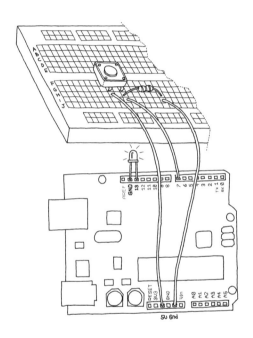

図4-6 プッシュボタンの接続

---

† 訳注：各種部品の入手先（ショップ名、品番、URL）：

	秋月電子	共立電子エレショップ	スイッチサイエンス
ブレッドボード	P-00314	916312	1788
ジャンプワイアキット	P-02315	53R13C	620
10KΩ抵抗	RD25S	6AY31D	
タクトスイッチ	P-03648	391134	38
	akizukidenshi.com	eleshop.kyohritsu.com	www.switch-science.com

すぐ使える状態のジャンプワイヤを買うかわりに、AWG22という太さの単芯電線を購入し
て使うこともできます。ニッパで線をカットし、ワイアストリッパで被覆（導線を覆う皮の部分）
をむいて使います。

 Arduinoボードの表面に印刷されている「GND」はグランド（ground）の略で、歴史的に
電源のマイナス側をこう呼びます。本書では「GND」と「グランド」の両方を使いますが、ど
ちらも同じものを指していると思ってください。電子回路を作るときGNDはよく使われるの
で、Arduino UnoにはGNDピンが3か所にあります。この3つは電気的につながってい
るので、どれを使っても同じです。5Vピンが電源のプラス側で、常にGNDピンよりも5V
高い電圧を示します。

さて、次のコードを見てください。プッシュボタンでLEDをコントロールしています。

Example 4-2 ボタンが押されている間、LEDを点ける

```
// ボタンが押されている間、LEDを点ける

const int LED = 13;    // LEDが接続されているピン
const int BUTTON = 7; // プッシュボタンが接続されているピン

int val = 0;        // 入力ピンの状態がこの変数(val)に記憶される

void setup() {
  pinMode(LED, OUTPUT);    // ArduinoにLEDが出力であると伝える
  pinMode(BUTTON, INPUT); // BUTTONは入力に設定
}

void loop() {
  val = digitalRead(BUTTON); // 入力を読み取りvalに格納

  // 入力はHIGH(ボタンが押されている状態)か?
  if (val == HIGH) {
    digitalWrite(LED, HIGH); // LEDをオン
  } else {
    digitalWrite(LED, LOW);  // LEDをオフ
```

035

```
    }
  }
```

　新たにスケッチを書くときは「ファイル」メニュー→「新規」とします（すでにスケッチを開いているときは、それを保存してからにしたほうがいいかもしれません）。Arduino IDE が新しいスケッチの名前を聞いてくるので、PushButtonControlと入力してください。Example 02のコードを打ち込み、Arduinoボードにアップロードしましょう。どこにも間違いがなければ、ボタンを押すとLEDが光るはずです。

このスケッチの仕組み

　このサンプルで2つの新しいコンセプトが登場しました。実行の結果を返す関数とif文です。
　if文はプログラミング言語におけるもっとも重要な命令と言っていいでしょう。if文によってコンピュータは判断能力を持つことができます（Arduinoは小さなコンピュータであることを思い出してください）。
　ifの後ろのカッコのなかには「質問」を書きます。もしその答が真なら、if文の直後にある1つ目のブロックが、真でない場合（偽といいます）はelseに続くもう一方のブロックが実行されます。
　質問の部分で、= の代わりに == という記号を使った点に注意してください。== は2つの値を比較したいときに使い、true（真）か false（偽）を返します。= は変数に値をセットするときに使います。== を使うべきところで、= としてしまう間違いはありがちなのですが、そうするとプログラムは決して正しく動きません。よく確認しましょう。ちなみに私は25年間プログラミングをしていますが、いまだにこの間違いをしでかします。
　ところで、いま作ったランプはボタンを押し続けていないと明かりが消えてしまうちょっと不便なランプでした。LEDをつけっぱなしにしてもエネルギーの無駄はわずかなので、次は一度ボタンを押したらずっとオンの状態が続くランプを作ってみましょう。

ひとつの回路、千のふるまい

　ソフトウェアを変更することで、同じ回路を使ってたくさんの違う「ふるまい」を実現する方法を示します。プログラム可能なデジタル回路が、旧来のエレクトロニクスよりも優れている点がわかるはずです。
　ボタンから指を離してもライトをつけておくには、ボタンが押されたことを記憶するソフトウェア的なメカニズムが必要です。それは一種のメモリといっていいでしょう。
　記憶を実現するために使うのが**変数**です（すでに前の例で登場しているのですが、説明はまだでした）。変数はArduinoのメモリの中に置かれるデータの保存場所です。

電話番号をメモするときに使う付箋紙を考えてみましょう。1枚取り出して「ルイーザ 02 555 1212」と書き込み、冷蔵庫やコンピュータのディスプレイの横に貼り付けるとします。これに似たことをArduino言語でも行います。記憶したいデータの型を決定し（数値か、テキストか）、それに名前を付ければ、いつでも好きなときにデータを書き込んだり取り出したりできます。例を1つあげましょう。

```
int val = 0;
```

intはこの変数が整数（integer）の値を持つという意味です。valは変数の名前で、= 0が初期値となる0をセットする部分です。

変数の内容は、その名が暗示するとおり、スケッチ内のどこででも変更することができます。たとえば、次のように書くことで、新しい値の112が記憶されます。

```
val = 112;
```

Arduinoの命令は必ずセミコロンで終わらなくてはいけません。コンパイラ（スケッチをマイコンが実行できる形式に翻訳するArduino IDEの一部）は、セミコロンによって、あなたの命令がどこで区切られているかを判断します。

次のスケッチでは、valにdigitalRead()の結果が記録されます。入力ピンから受け取ったデータは変数に収まり、別のコードが書き換えるまで、そのまま保存されます。変数はRAMと呼ばれる種類のメモリを使うことを覚えておいてください。RAMは高速ですが、ボードの電源を切ると、書き込まれたデータも消えてしまいます。そのため、電源を入れるたびに、変数の値はセットしなおす必要があります。スケッチはRAMのかわりにフラッシュメモリ（携帯電話のアドレス帳に使われているのと同じタイプのメモリ）に格納されるので、ボードの電源をオフにしても消えずに残ります。

それでは変数を追加して、LEDの状態を記憶させてみましょう。Example 4-3はその最初の試みです。

Example 4-3 ボタンを1回押すと点灯を続けるLED

```
// ボタンを押すとLEDが点灯し、
// ボタンから指を離したあとも点いたままにする

const int LED = 13;    // LEDが接続されているピン
const int BUTTON = 7;  // プッシュボタンが接続されているピン
```

```
int val = 0;        // 入力ピンの状態がこの変数(val)に記憶される
int state = 0;      // LEDの状態 (0ならオフ、1ならオン)

void setup() {
  pinMode(LED, OUTPUT);    // ArduinoにLEDが出力であると伝える
  pinMode(BUTTON, INPUT);  // BUTTONは入力に設定
}

void loop() {
  val = digitalRead(BUTTON);  // 入力を読み取りvalに格納

  // 入力がHIGH (ボタンが押されている)なら状態 (state)を変更
  if (val == HIGH) {
    state = 1 - state;
  }

  if (state == 1) {
    digitalWrite(LED, HIGH); // LEDオン
  } else {
    digitalWrite(LED, LOW);
  }
}
```

　このスケッチを試してみると、動くことは動くのですが……、ちょっと変ですね。ボタンを押すと目まぐるしくLEDの状態が変化してしまい、うまく切り替えられないと思います。

　LEDがオン (1) かオフ (0) かを記憶する変数stateに注目しながら、コードを見ていきましょう。まず、stateは0 (LEDはオフ)に初期化されます。その後、ボタンの状態を読みとって、もしそれが押されていたら (val == HIGH)、stateを0から1へ、あるいは1から0へ変更します。0と1の切り替えをするために、ちょっとしたトリックを使いました。そのトリックは1 - 0 = 1と1 - 1 = 0という、かんたんな数式がもとになっています。

```
state = 1 - state;
```

　この行は数学的にはほとんど無意味ですが、プログラミングにおいてはそうでもありません。=という記号は「自分の右側の結果を左側の変数に書き込む」という意味を持っていて、上の例は、1からstateの古い値を引いて、その結果を新しい値としてstateに書き込んでいます。

続くスケッチの最後の部分で、LEDのオンオフを決定するためにstateが使われます。ここでLEDの状態が不安定になるという問題が現れます。

その原因はボタンの状態の読み取り方にあります。Arduinoはとても高速で、1秒間に数百万行のコードを実行できます（マイコン本来の性能は最高1600万行／秒です）。これは、あなたの指がボタンを押している間に、Arduinoはstateを数千回書き換えられることを意味しています。オンにしようとしてオフになるという予測できない動きは、その結果です。「壊れた時計でも1日に二度は正しい時刻を指す」といいますが、プログラムの場合、一度だけなら正しい動作も、何度も繰り返してしまうと誤りにつながることがあるのです。

この不具合を直すには、どうすればいいでしょうか？　ボタンが押された一瞬を確実に検出して、そのときだけ状態（state）を変更すべきです。

私は次の方法で解決しました。新しい値を読む前に、valの値を保存しておくのです。そうすることで、ボタンの現在の状態と前の状態を比較し、状態が変化したときだけ、stateを変更することができます。具体的には、LOWからHIGHに変化したときだけ変更しています。

改良を加えたコードExample 4-4は次のとおりです。

Example 4-4　ボタンを押したときの挙動を改善

```
// Example 4-4：ボタンを押すとLEDが点灯し、
// ボタンから指を離したあとも点いたままにする（改良版）

const int LED = 13;    // LEDが接続されているピン
const int BUTTON = 7;  // プッシュボタンが接続されているピン

int val = 0;        // 入力ピンの状態がこの変数（val）に記憶される
int old_val = 0;    // valの前の値を保存しておく変数
int state = 0;      // LEDの状態（0ならオフ、1ならオン）

void setup() {
  pinMode(LED, OUTPUT);    // ArduinoにLEDが出力であると伝える
  pinMode(BUTTON, INPUT);  // BUTTONは入力に設定
}

void loop() {
  val = digitalRead(BUTTON);  // 入力を読みvalに新鮮な値を保存
  // 変化があるかどうかチェック
  if ((val == HIGH) && (old_val == LOW)) {
    state = 1 - state;
  }
```

```
  old_val = val; // valはもう古くなったので、保管しておく
  if (state == 1) {
    digitalWrite(LED, HIGH); // LEDオン
  } else {
    digitalWrite(LED, LOW);
  }
}
```

追加したif文の中で、2つの式が&&という記号でつながっているのに気づきましたか？
これはAND演算の記号で「左右の式がともに正のときは正」という意味です。

テストしてみましょう。完成に近づいてきましたが、このやり方も完璧ではないことに気付
いたかもしれません。機械式スイッチの問題が残っています。

プッシュボタンの仕組みはとても簡単。普段はバネの力で離れている2つの金属片が、ボ
タンが押されたときだけ接触して電気が流れます。シンプルでよくできた構造です。しかし、
現実世界に完璧な接触というものはなく、スイッチのなかの金属片も、2つがぶつかった瞬間
わずかに跳ね返って不安定な状態になります。これを**バウンシング**といいます。

プッシュボタンにバウンシングが生じると、Arduinoからはオンとオフの信号が立て続けに
やって来たように見えます。バウンシングの解消（デバウンシング）に使えるテクニックはたく
さんありますが、たいていは10〜50ミリ秒程度の遅延（delay）をボタンの状態変化を検出
するコードに加えるだけでうまくいきます。

最終版のコードは次のとおりです。

Example 4-5 バウンシングに対応した最終版

```
// ボタンを押すとLEDが点灯し、
// ボタンから指を離したあとも点いたままにする
// バウンシングを解消する簡単な方法を取り入れた改良版

const int LED = 13;    // LEDが接続されているピン
const int BUTTON = 7;  // プッシュボタンが接続されているピン

int val = 0;        // 入力ピンの状態がこの変数(val)に記憶される
int old_val = 0;    // valの前の値を保存しておく変数
int state = 0;      // LEDの状態(0ならオフ、1ならオン)

void setup() {
  pinMode(LED, OUTPUT);    // ArduinoにLEDが出力であると伝える
  pinMode(BUTTON, INPUT);  // BUTTONは入力に設定
```

```
}

void loop() {
  val = digitalRead(BUTTON); // 入力を読みvalに新鮮な値を保存

  // 変化があるかどうかチェック
  if ((val == HIGH) && (old_val == LOW)) {
    state = 1 - state;
    delay(10);
  }
  old_val = val; // valはもう古くなったので、保管しておく
  if (state == 1) {
    digitalWrite(LED, HIGH); // LEDオン
  } else {
    digitalWrite(LED, LOW);
  }
}
```

5 高度な入力と出力
Advanced Input and Output

4章で学んだのは、デジタルの入力と出力というArduinoでできることのなかでもごく基本的なものだけでした。Arduinoがアルファベットだとしたら、最初の2文字を習ったに過ぎません。とはいっても、このアルファベットにはわずか5つの文字しか存在しないので、Arduinoの詩を書くために必要な勉強はそう大変ではないでしょう。

いろいろなオンオフ式のセンサ

プッシュボタンの使い方はわかりましたね。同じ原理で動作する基本的なセンサはほかにもたくさんあります。

トグルスイッチ

プッシュボタンのような勝手に元の状態に戻るスイッチをモメンタリスイッチといいます。玄関の呼び出しベルはたいていモメンタリですね。それに対して、状態を保持するスイッチもあって、オルタネイトスイッチと呼ばれます。壁の照明スイッチはふつうオルタネイト。電子工作によく使われるオルタネイトスイッチの一種がトグルスイッチで、棒状のレバーがついていて切り替え操作がしやすくなっています。

こうしたスイッチは一般的なセンサのイメージとは違うかもしれませんが、人間の指の動きを電気的な状態に変換するセンサと見なすことができます。

サーモスタット

指定された温度に達すると切り替わるスイッチです。

磁気スイッチ（リードスイッチ）

磁石を近づけると2つの接点がくっついてオンになります。ドアの開閉を検知する防犯ブザーで使われています。

マットスイッチ

カーペットやドアマットの下に敷くことで、人間や重いネコの存在を検出することができます。

ティルトスイッチ（傾斜スイッチ）[†]

2つの接点と1つの小さな金属球が封入されたシンプルな電子部品です（金属球ではなく水銀が使われているものもありますがお薦めしません）。図5-1は、典型的なティルトスイッチの内部を示したものです。直立しているときは、球が2つの接点にまたがる位置にきて、プッシュボタンを押したのと同じ状態になります。傾けると球が動いて接点から離れ、スイッチが切れます。この部品を使って、傾けたり振ったりすると反応するジェスチャーインタフェイスの作品が作れるでしょう。

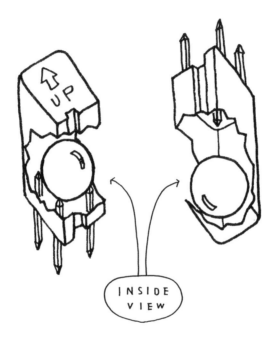

図5-1 ティルトスイッチの内部

---

† 訳注：ティルトスイッチの入手先（ショップ名、品番、URL）：
秋月電子：P-01536（akizukidenshi.com）

赤外線センサ

赤外線センサも使ってみたいものの1つです。防犯アラームに使われる部品で、PIR（passive infrared）センサ、焦電型赤外線センサなどとも呼ばれます。この小さな装置のそばに人間（あるいはその他の生き物）が近づくと作動します。動きを検知するシンプルな方法です。

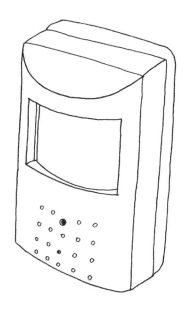

図5-2 PIRセンサ

自作センサ

数本の釘と金属球を使って、ティルトスイッチを作ることができます。板に釘を何本か打って球を乗せ、傾けたときにその球が乗る2本の釘だけに電線を巻き付けて、その電線の端をプッシュボタンのときと同じようにArduinoにつなげばできあがり。洗濯ばさみでモメンタリスイッチを作ることもできます。くちばし側に2本の電線を貼り付ければ、握ったときだけオフになるスイッチに、握り側に電線をつければ、握ったときだけオンになるスイッチになります。

こうした手作りセンサと4章で覚えたスケッチを組み合わせることで、いろいろなランプを作ることができるでしょう。

PWMで明かりをコントロール

　そろそろ単純なスイッチのオンオフには飽きてきたころだと思います。より実用的なランプを作ってみることにしましょう。4章のランプは点いているか消えているかのどちらで、明るさを調節することができませんでした。この課題を解決するためにPOV（Persistence of Vision、残像）というトリックを取り入れます。POVは私たちの視覚が1秒間に10回程度しか更新されないという生理を利用します。見ているものがそれより速く変化すると、目は対象をぼかして、連続的に動いていると解釈するのです。

　実は4章の最後にヒントがありました。delay関数の値を小さくしていくと、ある時点からLEDのチカチカが感じられなくなったはずです。そして、LEDは少し暗くなったでしょう。その状態で2つあるdelay関数の片方だけを大きくしたり小さくしたりすると明るさが微妙に変化します。オンの時間を長くすると明るく、オフの時間を長くすると暗くなります。

　このテクニックはパルス幅変調（PWM）と呼ばれ、LEDを高速に点滅させることで瞬きを見えなくし、オンとオフの時間の比率によって明るさを変えることもできます。図5-3はその仕組みを表したものです。

　LED以外のデバイスに対してもPWMは有効です。たとえば、モーターの回転スピードを調整するのに使えます（ただし、モーターをLEDのように直接Arduinoに接続することはできません。本章の後半にあるMOSFETの説明を読んでから挑戦してください）。

　ディレイでLEDをコントロールする方法は不便でした。センサの値を読み取りたいとき、あるいは、シリアル通信でデータを送りたいときも、LEDをチカチカさせるためのディレイが処理を止めてしまいます。その点、PWMは簡単で確実。ArduinoボードのマイコンはPWMを生成するのに必要なハードウェア（タイマ、カウンタ、割り込みなど）を内蔵しているので、スケッチがなにか別のことをしている間もPWM出力は維持され、複数のLEDを同時にコントロールすることも可能です。

　Arduino UnoのPWM出力は3、5、6、9、10、11の各ピンに割り当てられていて、すべてanalogWrite()という関数で操作できます。

　analogWrite()を使うときは、ピン番号とパルス幅（0から255）を指定します。パルス幅が0ならLEDは真っ暗。試しに、analogWrite(9, 50)というコードを実行すると、LEDは暗く光るでしょう。analogWrite(9, 200)なら、かなり明るいはずです。

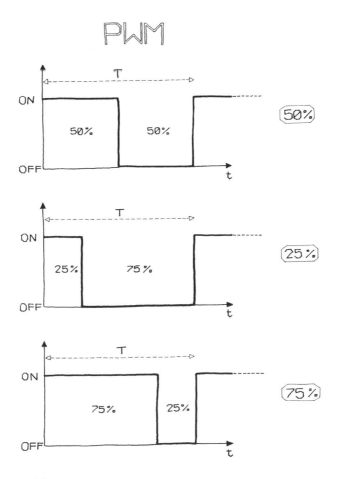

図5-3 PWMの動作

　たとえば、analogWrite(9,128)というコードによって、ピン9に接続されたLEDが50%の明るさで光ります。でもどうして128で50%なのでしょう？ analogWrite()は0から255の数を引数とします。255にすると明るさは最大になり、0にすると消えます。

　　複数のPWM出力があることはとても好都合です。たとえば、赤、緑、青のLEDを買ってきてPWM出力ピンにつなぎ、それらの光をミックスすれば、あらゆる色を作り出すことができます。

それでは回路を組み立てましょう。図5-4のようにLEDと220Ω（オーム）の抵抗器を接続します。LEDの色は何色でもかまいません。

LEDには極性があります。正しい向きにつながないと光らないということです。LEDの2本のピンをよく見ると、長さが違うはずです。長い方はArduinoの9番ピン、短い方は抵抗器を介してGNDに接続します。帽子の形をしたLED（砲弾型ともいいます）の場合、GND側に切り欠きがあって、ピンが隠れていても極性がわかるものがあります。図5-4はまさにそうなっていて、ピンの長さはわかりませんが、左側に切り欠きがありますね。

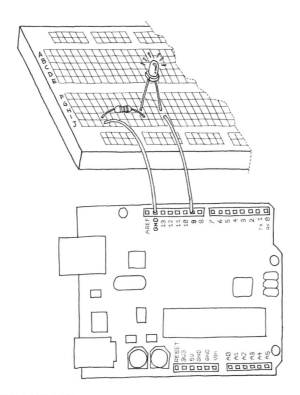

図5-4 PWMピンとLEDの接続

この回路の抵抗器は、電流でLEDが燃えないようにするためのものです。220Ω以上のカーボン抵抗器を使ってください。470Ωや1KΩも使えます。

回路ができたら、Arduino IDEに新しいスケッチExample 5-1を入力しましょう。

Example 5-1 ゆっくり明滅するLED

```
// LEDのフェードインとフェードアウト
// （スリープ状態のMacのように）

const int LED = 9;  // LEDが接続されたピン
int i = 0;          // カウントアップとダウンに使用

void setup() {
  pinMode(LED, OUTPUT);  // LEDのピンの出力に設定
}

void loop() {
  for (i = 0; i < 255; i++) {  // 0から254までループ（フェードイン）
    analogWrite(LED, i);       // LEDの明るさをセット
    delay(10);                 // 10ミリ秒停止 analogWrite()は一瞬なので
                               // これがないと変化が目に見えない
  }
  for (i = 255; i > 0; i--) {  // 255から1まで（フェードアウト）
    analogWrite(LED, i);
    delay(10);
  }
}
```

スケッチをArduinoボードに書き込むと、LEDがゆっくり明るくなったり暗くなったりしはじめます。スリープ状態のノートPCのLEDがこんな風に明滅していることがありますね。

このスケッチでLEDの明るさを変えているのはanalogWrite()です。delayも使われていますが、10ミリ秒という短い時間のまま固定されています。繰り返し実行されるanalogWrite()によって、少しずつ明るさを増減させているわけです。

1つ目のforループ（for文による繰り返し）を見ると、変数iが0から254まで1ずつ増加しているのがわかります。iはLEDの明るさを表していると考えていいでしょう。2つ目のforループでは、255から1まで減少しています。2つ目のforループが終わると、loop()の先頭、つまり1つ目のforループに処理が戻り、その結果、明るくなったり暗くなったりが永遠に続くことになります。

次はこの知識を活用して、4章で作ったランプを改良してみましょう。このブレッドボードにプッシュボタンを付け加えます。自力でできるかどうか、試してください。そうする理由は、この本に登場する個々の回路がより大きな作品を実現するための「ビルディングブロック」になっているという事実について考え始めてほしいからです。今はまだできなくても心配はいりません。大事なのは自分でやり方を考えてみることです。

それでは回路の作り方です。先ほど作った回路（図5-4参照）とプッシュボタン回路（図4-6参照）を同時にArduinoへつなぐだけです。図4-6の回路はArduinoの7番ピン、GND、5Vを使い、図5-4の回路は9番ピンと別のGNDピンを使ったのでピンの重複がありません。つまり、そのまま同時にこの2つの回路をArduinoにつなぐことができます。空間とブレッドボードを節約したければ、1つのブレッドボードの上に作りこむこともできます（付録Aでブレッドボードの構造について解説しています）。

次はスケッチです。1個のプッシュボタンだけでどうやってLEDの明るさを変えればいいのでしょうか？　「ボタンが押された時間を検出する」という新たなインタラクションデザインのテクニックを学ぶときです。前章で作ったExample 4-5を拡張して機能を追加しましょう。短時間ボタンを押すとLEDのオンオフ、長押しで明るさが増減するという仕様にします。

Example 5-2が最初のバージョンです。

Example 5-2 ボタンでLEDの明るさを調節する

```
// ボタンを押すとLEDが点灯し、
// ボタンから指を離したあとも点いたままにする
// バウンシングを解消する簡単な方法を取り入れる
// ボタンを押したままにすると明るさが変化する

const int LED = 9;       // LEDが接続されたピン
const int BUTTON = 7;  // プッシュボタンが接続された入力ピン

int val = 0;        // 入力ピンの状態がこの変数 (val) に記憶される
int old_val = 0;  // valの前の値を保存しておく変数
int state = 0;      // LEDの状態 (0ならオフ、1ならオン)

int brightness = 128;      // 明るさの値を保存する
unsigned long startTime = 0;    // いつ押し始めたか？

void setup() {
  pinMode(LED, OUTPUT);      // ArduinoにLEDが出力であると伝える
  pinMode(BUTTON, INPUT);  // BUTTONは入力に設定
```

```
}
void loop() {
  val = digitalRead(BUTTON);  // 入力を読みvalに新鮮な値を保存
  // 変化があるかどうかチェック
  if ((val == HIGH) && (old_val == LOW)) {
    state = 1 - state;        // オフからオンへ、オンからオフへ
    startTime = millis();  // millis()はArduinoの時計
                           // ボードがリセットされてからの時間を
                           // ミリ秒(ms)単位で返す
                           // (最後にボタンが押された時間を記憶)

    delay(10);
  }

  // ボタンが押し続けられているかをチェック
  if ((val == HIGH) && (old_val == HIGH)) {
    // 500ms以上押されているか?
    if (state == 1 && (millis() - startTime) > 500) {
      brightness++;   // brightnessに1を足す
      delay(10);       // brightnessの増加が速くなりすぎないように
      if (brightness > 255) { // 255が最大値
        brightness = 0;        // 255を超えたら0に戻す
      }
    }
  }

  old_val = val;   // valはもう古いので、しまっておく

  if (state == 1) {
    analogWrite(LED, brightness); // 現在の明るさでLEDを点灯
  } else {
    analogWrite(LED, 0);            // LEDをオフ
  }
}
```

　作ろうとしているインタラクションモデルが形を見せてきました。ボタンを押してすぐ離すと、ランプは点いたり消えたりします。ボタンを押し続けると明るさが変わり、離すタイミングによって明るさが選べます。

スケッチは理解できましたか？　おそらくもっとも難しかったのは、次の1行ではないでしょうか。

```
if (state == 1 && (millis() - startTime) > 500) {
```

このif文は、時間を計る関数millis()を使って、500ミリ秒より長くボタンが押されたかどうかを調べています。millis()が示す現在の時間から、最後にボタンが押されたときの時間を引くと、ボタンが押されている時間がわかりますね。それが500より大きければ500ミリ秒が経過したということです。&&はその前後2つの条件が同時に真であるときに、全体が真であることを意味します。つまり、stateが1（ボタンが押されている）でかつ500ミリ秒が経過していたら、このif文は真（次のブロックを実行）ということです。

単純なスイッチが案外強力なセンサとなることがわかったと思います。続いて、もっと面白いセンサの使い方を学びましょう。

プッシュボタンの代わりに光センサを使う

図5-5のイラストのような光センサ（CdSセル）を手に入れてください[†]。面白い使い方ができる素子です。

図5-5 CdSセル

---

†　訳注：CdSセルの入手先（ショップ名、品番、URL）：
秋月電子：I-00110（akizukidenshi.com）
共立電子エレショップ：4CS132（eleshop.kyohritsu.com）

暗闇に置いた CdS セルの抵抗値はかなり高く、光を当てると抵抗値は急激に下がって、よく電気を通すようになります。つまり CdS セルは光に反応するスイッチと言えます。

　4章の「プッシュボタンを使って LED をコントロール」で作った回路（図4-5）を用意し、Arduino に Example 4-2 を書き込んでください。動くことを確認したら、慎重にプッシュボタンを抜いて、代わりに CdS セルを挿します。CdS セルを手で覆うと LED が消えることに気付きましたか？　手をどかすとまた光ります。この本で単純な機械的センサではなくリッチな電子的センサを使うのは初めてですね。

アナログ入力

　すでに学んだとおり、Arduino はピンに電圧がかかっているかどうかを、`digitalRead()`関数を通じて報告することができます。このような有り無し式のレスポンスは多くの用途でうまく機能しますが、先ほど使った光センサは光の有無だけでなく、どのくらい明るいかを伝えることも可能なアナログセンサです。

　Arduino ボードを180度回転させてみましょう（図5-6）。アナログセンサの値を読み取る専用のピンがあります。

　左上に「ANALOG IN」というラベルがあって、6本のピンがまとめられていますね。これがアナログ入力ピンで、電圧の有無だけでなくその大きさまでわかる特別なピンです。`analogRead()`関数を使って、あるピンにかかっている電圧を知ることができます。この関数が返す値は0から1023で、0V から5V の電圧を表します。たとえば、2.5V がピン0にかかっているとしたら、`analogRead()`は512を返します。

　10KΩの抵抗器を使って図5-6の回路を組み立て、Example 5-3 のスケッチを走らせると、センサに当たる光の量がオンボード LED の点滅スピードを変えるのがわかるでしょう。

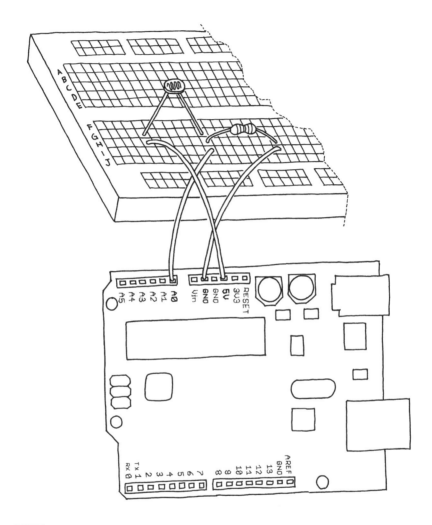

図5-6 アナログセンサ回路

Arduinoをはじめよう | 高度な入力と出力

Example 5-3 アナログ入力の値に応じてLEDの点滅レートが変化

```
// アナログ入力の値に応じてLEDの点滅レートが変化

const int LED = 13;    // LEDがつながっているピン
int val = 0;           // センサからの値を記憶する変数

void setup() {
  pinMode(LED, OUTPUT);    // LEDのピンを出力に設定
  // 注：アナログピンは自動的に入力として設定される
}

void loop() {
  val = analogRead(0);     // センサから値を読み込む

  digitalWrite(13, HIGH);  // LEDをオン
  delay(val);              // 少しの間、プログラムを停止

  digitalWrite(13, LOW);   // LEDをオフ
  delay(val);              // 少しの間、プログラムを停止
}
```

　続けて、少し改造を加えた別のスケッチExample 5-4を試してみましょう。ただし、その前に回路を修正する必要があります。図5-4の回路にLEDを追加してください。LEDをつなぐのはArduinoのピン9です。そのときLEDや抵抗、電線などでCdSセルを覆ってしまわないように、配置を考えてください。
　回路の修正が済んだら、Example 5-4をArduinoボードに書き込みましょう。

Example 5-4 アナログ入力の値に応じてLEDの明るさを変える

```
// アナログ入力の値に応じてLEDの明るさを変える

const int LED = 9;     // LEDがつながっているピン
int val = 0;           // センサからの値を記憶する変数

void setup() {
  pinMode(LED, OUTPUT);    // LEDのピンを出力に設定
  // 注：アナログピンは自動的に入力として設定される
```

```
}

void loop() {
  val = analogRead(0);        // センサから値を読み込む

  analogWrite(LED, val/4);  // センサの値を明るさとしてLED点灯
  delay(10);                  // 少しの間、プログラムを停止
}
```

　CdSセルを手で覆ったり離したりして、当たる光の量を変えてみましょう。LEDの明るさは
どう変化しますか?
　analogRead()とanalogWrite()をうまく組み合わせると、簡単なスケッチで新しい
機能を作ることができます。

明るさを設定するとき、valを4で割るのはanalogRead()が返す値が最大1023なの
に対し、analogWrite()が受け付ける値が最大255だからです。数値が粗くなってし
まいますが、LEDの明るさの微妙な違いは目で見てもわからないので、この場合は問題
ありません。analogRead()が返す値の上限が1023(10ビットで表せる値)なのは、
Arduino Unoが搭載しているマイクロコントローラの制約によるものです。

その他のアナログセンサ

　CdSセルは明るさを抵抗値に変換してくれるとても便利なセンサですが、Arduinoは抵抗
値を直接読み取ることはできません。図5-6の回路は、抵抗の変化をArduinoが読み取れる
電圧の変化に変換します。
　この方法は抵抗型の他のセンサにも応用可能で、たとえば、圧力センサ、曲げセンサ、
サーミスタ(温度センサの一種)などが図5-6の回路で使えます。CdSセルをサーミスタに変
更すれば、温度変化によってLEDの明るさが変化するでしょう。

サーミスタから読み取った値は、そのままで正しい温度を表すものではありません。正確な温度を知りたいなら、正確な温度計を用意して、サーミスタとその温度計の値を比較しながら換算表を作り、スケッチに実装する必要があるでしょう。もっと手軽に正確な温度を知りたい人は、ナショナルセミコンダクタ社のLM35DZやアナログデバイセズ社のTMP36といった温度センサICを検討してください。

　さて、ここまでの私たちはLEDを出力デバイスとして使ってきましたが、センサから読み取った温度をもっと正確に知りたくなったらどうすればいいでしょう？　モールス符号をチカチカさせれば可能かもしれませんが、わかりやすい方法とは言えません。実はArduinoにはもっと簡単な手段が存在します。スケッチを書き込むときに使うUSBはスケッチ以外の情報をやりとりするのにも使えるのです。次にその方法を説明します。

シリアル通信

　ArduinoボードはUSBポートを持っていて、IDEがマイコンにスケッチをアップロードするときにそれを使うということはすでに説明しました。良いニュースがあります。このコネクションをArduinoボードからコンピュータにデータを送ったり、逆にコンピュータから命令を受け取ったりする目的にも使えます。そのために必要なのがシリアルオブジェクトで、ここでいうオブジェクトは、スケッチを書く人が便利に使えるようにたくさんの機能がまとめられた一種のソフトウェアです。Arduinoのシリアルオブジェクトにはデータの送受信に必要なコードがすべて含まれています。

　先ほど作ったCdSセルの回路を使って、analogRead()で読み取った値をコンピュータへ送ってみましょう。次のコードを新しいスケッチとして入力してください。

Example 5-5　アナログ入力ピンの値をコンピュータへ送る

```
// アナログ入力ピン0の値をコンピュータへ送る
// アップロードの後に、「Serial Monitor」ボタンを押すこと

const int SENSOR = 0;  // 抵抗型のセンサがつながっているピン
int val = 0;           // センサからの値を記憶する変数

void setup() {
  Serial.begin(9600);  // シリアルポートを開きます
                       // 毎秒9600bitでコンピュータに
```

```
                    // データを送信します
}
void loop() {
  val = analogRead(SENSOR);  // センサから値を取得します

  Serial.println(val);  // シリアルポートにデータを出力
  delay(100);           // 送信したら0.1秒待ちます
}
```

　このスケッチをArduinoボードに書き込んだだけでは何も起こりません。IDEの「Serial
Monitor」ボタンを押してください。ツールバーの右端にある虫眼鏡のアイコンです。する
と、新しいウィンドウが現れて、Arduinoボードから送られてきた数字がスクロールしはじめ
ます。その数字はanalogRead()が返す値の範囲と同じ0以上、1023以下になっていて、
CdSセルを覆うと値が変化するのがわかります。

　このようなコンピュータ間のシンプルな通信をシリアル通信といいます。Arduino
のシリアル通信機能を使うと、Arduino IDEだけでなく、他のソフトウェアとデータを
やりとりすることも可能です。とくに、言語仕様とIDEがArduinoのものとよく似ている
Processing（www.processing.org）は、Arduinoにとって最高の相棒と言えるでしょう。
Processingを使う通信の例は7章で紹介します。

モータや電球などの駆動

　Arduinoボードの各ピンから引き出せる電流はわずかです。1個のLEDを駆動するこ
とはできますが、モータや白熱電球のように大電流が流れる部品を動かそうとすると
Arduinoはたちまち機能しなくなり、マイコンが永久的なダメージを受けてしまう恐れがあ
ります。

🖊　安全のため、Arduinoのピンに流す電流は20mA以下にすべきです。

解決策はいくつかあって、要は小さな電流で大きな負荷を動かすテコのような機能があればいいわけです。たとえば、MOSFETという電子部品がそのテコの働きをします。

MOSFETは一種の電子的スイッチと考えてもいいでしょう。3本あるピンのうちの1本（ゲート）に電圧を与えると、残りの2本（ドレインとソース）の間に大きな電流が流れます。ゲートが必要とする電流は無視できるほどわずかなので、とても効率のいいテコとして機能します。

図5-7は、ファンがついているモータをIRF520というMOSFETでオンオフする方法を示したものです[†]。モーターはArduinoボードのVin端子から電源をとっていることに注意してください。Vinの電圧は接続しているACアダプタによって決まりますが、7Vから12Vが一般的です。Arduinoのマイコンは5Vで動いているので2種類の電圧が混在することになります。こういう使い方が可能になるのもMOSFETの利点といえるでしょう。

MOSFETのそばにある小さな円筒形の部品はダイオード（IN4007）です。側面の白い帯が向きを表しています。駆動する対象がモーターのときは、他の部品を守るため、ここにダイオードを入れます。

MOSFETのスイッチングは超高速なのでPWMが使えます。PWM出力が可能なピン（図5-7では9ピンを使用）につなぎ、`analogWrite()`を使ってモーターのスピードをコントロールすることも可能です。モーターの動作が不安定なときは9ピンとGNDの間に10KΩの抵抗器を入れてください。

本章でモーターの動かしかたを簡単に説明しました。8章ではやはり大電流が必要な部品「リレー」の制御方法を説明します。

MOSFETは「metal-oxide-semiconductor field-effect transistor（金属酸化膜半導体・電界効果トランジスタ）」の略で、電界効果という原理を利用したトランジスタの一種です。ゲートのピンに電圧がかかると、内部の半導体（ドレインとソースの間）に電流が流れます。ゲートは他の層から絶縁されているので、ArduinoからMOSFETへ電流は流れません。そのおかげでとてもシンプルなインターフェースが実現可能です。高い周波数で大きな負荷をスイッチングすることができる理想的な素子といえるでしょう。

---

† 訳注：国内ではこのIRF520というMOSFETは入手しにくいようです。代替品として2SK2232、TK40E06N1（どちらも東芝セミコンダクター）などを検討してください。

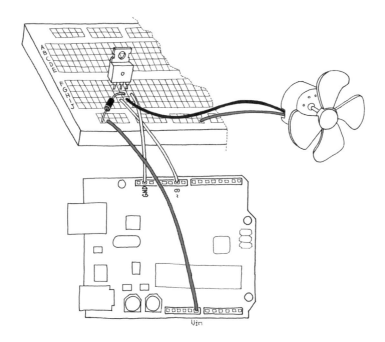

図5-7 Arduinoによるモータ回路

複雑なセンサ

　私たちは「複雑なセンサ」を、一度の`digitalRead()`や`analogRead()`では処理できないタイプの情報を生み出すもの、と定義しています。多くの場合、そうしたセンサは小さなマイコンを内部に持っていて、センサ自身が情報の前処理をしています。

　超音波距離センサ、赤外線距離センサ、加速度センサなどが複雑なセンサに含まれます。これらのセンサの使い方は、Arduino Playground（playground.arduino.cc）で見つかるでしょう。

　また、Tom Igoe著『Making Things Talk』（オライリー・ジャパン）では多くの複雑なセンサがカバーされています。

Arduino のアルファベット

これまでの章であなたは Arduino の基礎を学び、土台となるビルディングブロックを手に入れました。ここでもう一度「Arduino のアルファベット」を思い出してください。

・デジタル出力

LED をコントロールするために使いました。適切な回路と組み合わせることで、モータの制御や音の生成など、さまざまな用途に応用できます。

・アナログ出力

この機能を使うと、LED をただ単にオンオフするだけでなく、明るさを調節できます。モータの回転スピードをコントロールすることも可能です。

・デジタル入力

プッシュボタンやティルトスイッチといった、「イエス」か「ノー」しか言わないシンプルなセンサの状態を読み取るのに使えます。

・アナログ入力

ポテンショメータや光センサといった、オンオフではなく連続的に変化する信号を生成するセンサに対して用います。

・シリアル通信

コンピュータとデータを交換したいときの通信手段です。Arduino ボードの上で動作しているスケッチの状態を知るための簡単なモニター機能としても使用できます。

6 Arduinoランプと Processing
Processing with an Arduino Lamp

　この章では、これまでに学んだ応用例を連携させる方法について見ていきます。1つ1つ
は小規模な作品でも、組み合わせることで複雑な作品に生まれかわるのがわかるはずです。

　それではここで私が信奉するデザイナーに登場してもらいましょう。ジョー・コロンボ（Joe
Colombo）はイタリアのデザイナーで、彼が1964年に発表した「Aton」というランプに私は
強くインスパイアされました。今から作るのは、そのクラシックなランプの21世紀バージョン
です。

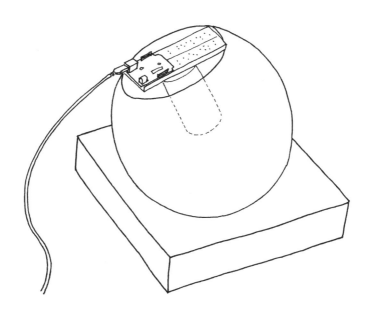

図6-1 ランプの完成形

ランプはシンプルな球体で、転がって机から落ちないよう大きな穴のあいた四角い台の上に載っています（図6-1参照）。このデザインのおかげで、ユーザーはどの方向へも明かりを向けることができます。

機能面を見てみましょう。このデバイスをインターネットに接続したいと思います。Make：Blog（blog.makezine.com）からダウンロードした記事リストに「peace」、「love」、そして「arduino」という言葉が何個含まれているかをカウントし、その数をもとにランプの色を決定します。ランプ自体は電源ボタンを持ち、光センサによって自動的に起動されます。

計画を立てる

どんなものを作りたいのか、そのためにはどんな材料が必要かを整理しましょう。まず、Arduinoをインターネットに接続できるようにする必要があります。

USBポートしか持っていないArduinoボードを、ネットワークに直接つなぐのは無理です。また、Arduinoは小さなメモリしか持たないシンプルなコンピュータなので、大きなファイルの処理は苦手です。RSSフィードを取得したとしても、冗長なXMLファイルがたくさんのRAMを必要とするのでそのままではうまく扱えません。Arduinoとインターネットを橋渡ししてくれるものが必要です。

よく使われるのは、インターネットにつながっているコンピュータでデータを処理し、不要なものを取り除いて扱いやすくしてからArduinoへ送るという方法です。私たちはProcessing言語を使って、XMLを単純化してくれる代理人（proxy）を実装することにしましょう。

Processing

Processingは Arduino の生まれ故郷です。私たちはこの言語を愛していて、美しいコードを書くためだけでなく、初心者にプログラミングを教える目的でも使用しています。Processingと Arduino は完璧なコンビと言えるでしょう。Processingはオープンソースであり、複数のプラットフォーム（Mac、Linux、Windows）で動作し、それらのOSすべてで実行可能なアプリケーションを生成できる点で優れています。さらに、Processingのコミュニティが活発で頼りになる点にも触れておきましょう。そこであなたはすぐに使える数千のサンプルプログラムを見つけることができます。Processingを次のページからダウンロードし[†]、インストールしてください。

https://processing.org/download

---

† 訳注：processing.org はダウンロードページで寄付を募っています。寄付金を送る場合は、金額を選んでから"Donate & Download" をクリックします。PayPalまたはクレジットカードでの送金を受け付けています。寄付をしない場合は金額の代わりに "No Donation" を選択します。

代理人は次のように働きます。まず、Arduino Blog から RSS フィードをダウンロードし、XML に含まれるすべての単語を抽出します。次に、それを調べて「peace」、「love」、「arduino」という単語が何回ずつ出現するかを数えます。そうして得られた3つの数字から色の値を計算し、Arduino ボードへ送ります。Arduino はセンサで測定した光量を送り返し、その値は Processing によってコンピュータの画面に表示されます。

ハードウェア側は、プッシュボタン、光センサ、PWM制御の LED（3つの LED を使います!）、そしてシリアル通信という4つの作例を融合したものです。

Arduino は単純なデバイスですから、色をコード化する方法も単純にしておいたほうがいいでしょう。HTML で色を表現するときの標準的な方法、つまり、#に続く6桁の十六進数を使うことにします。

8ビットの数値を2文字で表現できる十六進数はとても便利です。十進数では1文字の場合もあれば、3文字必要になることもあります。HTML 式のコード化はプログラムも簡単にしてくれます。バッファ（データを一時的に保管する変数）に流れ込んでくる文字のなかに#が現れるのを待ってから、続く6文字を読み取るだけです。それを2文字ずつ分割して、3つの LED それぞれの明るさを表す3バイトに変換します。

スケッチの作成

2つのスケッチが必要です。1つは Processing のスケッチ。もう1つは Arduino のスケッチです。まずは Processing のスケッチから。

Example 6-1 Arduino ネットワークランプ（Processing 用スケッチ）

```
// Arduinoネットワークランプ
// 一部のコードはTod E. Kurt(todbot.com)のブログを参考にした

import processing.serial.*;
import java.net.*;
import java.io.*;
import java.util.*;

String feed = "https://blog.arduino.cc/feed/";

int interval = 5 * 60 * 1000;   // フィードを取得する間隔
int lastTime;                   // 最後に取得した時間
int love    = 0;
int peace   = 0;
```

```
int arduino = 0;
int light = 0;                  // Arduinoで測った明るさ

Serial port;
color c;
String cs;

String buffer = ""; // Arduinoからの文字が溜まるところ
PFont font;

void setup() {
  size(640, 480);
  frameRate(10);      // 速い更新は不要

  font = createFont("Helvetica", 24);
  fill(255);
  textFont(font, 32);

  // 注意
  // 以下のコードはSerial.list()で得られるポートの1つ目が
  // Arduinoであることを前提にしています。そうでない場合は
  // 次の1行 (println) から // を取り除き (アンコメント)、再度
  // スケッチを実行してシリアル・ポートのリストを表示し、
  // Arduinoのポートを確認して、その番号で [ と ] の間の0を
  // 置き換えてください
  //println(Serial.list());
  String arduinoPort = Serial.list()[0];

  port = new Serial(this, arduinoPort, 9600); // Arduinoに接続

  lastTime = millis();
  fetchData();
}

void draw() {
  background( c );
  int n = (lastTime + interval - millis())/1000;
```

```
// 3つの値をベースに色を組み立てる
c = color(peace, love, arduino);
cs = "#" + hex(c, 6); // Arduinoへ送る文字を準備

text("Arduino Networked Lamp", 10, 40);
text("Reading feed:", 10, 100);
text(feed, 10, 140);

text("Next update in "+ n + " seconds", 10, 450);
text("peace", 10, 200);
text(" " + peace, 130, 200);
rect(200, 172, peace, 28);

text("love ", 10, 240);
text(" " + love, 130, 240);
rect(200, 212, love, 28);

text("arduino ", 10, 280);
text(" " + arduino, 130, 280);
rect(200, 252, arduino, 28);

// 画面に色情報を表示
text("sending", 10, 340);
text(cs, 200, 340);

text("light level", 10, 380);
rect(200, 352, light/10.23, 28); // 最大1023から最大100に

if (n <= 0) {
  fetchData();
  lastTime = millis();
}

port.write(cs); // Arduino へデータを送る

if (port.available() > 0) { // データが待っているかチェック
  int inByte = port.read(); // 1バイト読み込む
  if (inByte != 10) {        // それがnewline(LF)ではないなら
```

```
      buffer = buffer + char(inByte); // バッファに追加
    } else {
      // newlineが届いたので、データを処理しましょう
      if (buffer.length() > 1) {    // データがちゃんとあるか確認
        // 最後の文字は改行コードなので切り落とす
        buffer = buffer.substring(0, buffer.length() -1);
        // バッファの文字を数値(整数)に変換
        light = int(buffer);
        // 次の読み込みサイクルのためにバッファを掃除
        buffer = "";
        // Arduinoからはどんどんセンサの読みが送られてくるので
        // 最新のデータを得るために溜まってしまったものは削除
        port.clear();
      }
    }
  }
}


void fetchData() {
  // フィードのパースにこれらの文字列変数を使用
  String data;
  String chunk;

  // カウンタをゼロに
  love    = 0;
  peace   = 0;
  arduino = 0;
  try {
    URL url = new URL(feed);    // URLを表すオブジェクト
    URLConnection conn = url.openConnection();    // 接続を準備
    conn.connect();                 // Webサイトに接続

    // 接続先からやってくるデータを1行ずつバッファするための仮想的なパイプ
    BufferedReader in = new BufferedReader(
      new InputStreamReader(conn.getInputStream()));
    // フィードを1行ずつ読む
    while ( (data = in.readLine ()) != null) {
      StringTokenizer st =
```

```
    new StringTokenizer(data, "\"<>,.()[] "); // それを分解
  while (st.hasMoreTokens ()) {
    chunk= st.nextToken().toLowerCase();        // 小文字に変換
    if (chunk.indexOf("love") >= 0 )    // "love"を見つけた？
      love++;                                   // loveに1を加える
    if (chunk.indexOf("peace") >= 0)    // 以下同
      peace++;
    if (chunk.indexOf("arduino") >= 0)
      arduino++;
  }
}
// 各語を参照した回数は64を上限にしておく
if (peace > 64)    peace = 64;
if (love > 64)     love = 64;
if (arduino > 64) arduino = 64;
peace = peace * 4;      // 4を掛けて最大値を255にしておくと、
love = love * 4;        // 色を4バイトで表現するのに便利
arduino = arduino * 4;
}
catch (Exception ex) { // エラーが発生したらスケッチを停止
  ex.printStackTrace();
  System.out.println("ERROR: "+ex.getMessage());
}
}
```

　このProcessingスケッチを実行してもArduinoが反応せず、光センサからの情報も表示されない場合は、Processingスケッチのなかの「注意:」というコメントの指示に従って設定を変更してください。

　コメントが指示しているのは、Arduinoとの会話に使用するシリアルポートの確認です。スケッチで指定したポートと、実際にArduinoが接続されているポートが一致している必要があります。

Macの場合、Arduinoのポートは、全シリアルポートの最後にある可能性が高いです。も
しそうなら、スケッチの`Serial.list()[0]`がある行を次のように変更するだけで動き
ます。配列の最後の要素にアクセスするコードに書き直すわけです。

```
String arduinoPort = Serial.list()[Serial.list().length-1];
```

次にArduino用のスケッチを示します。

Example 6-2 Arduinoネットワークランプ（Arduino用スケッチ）

```
// Arduinoネットワークランプ
const int SENSOR = 0;
const int R_LED = 9;
const int G_LED = 10;
const int B_LED = 11;
const int BUTTON = 12;

int val = 0;  // センサから読みとった値を格納する変数

int btn = LOW;
int old_btn = LOW;
int state = 0;
char buffer[7] ;
int pointer = 0;
byte inByte = 0;

byte r = 0;
byte g = 0;
byte b = 0;

void setup() {
  Serial.begin(9600);  // シリアルポートを開く
  pinMode(BUTTON, INPUT);
}
void loop() {
  val = analogRead(SENSOR);  // センサから値を読む
  Serial.println(val);         // シリアル通信で値を送信
```

```
if (Serial.available() >0) {
  // 受信したデータを読み取る
  inByte = Serial.read();

  // マーカ (#) が見つかったら、続く6文字が色情報
  if (inByte == '#') {
    while (pointer < 6) {              // 6文字蓄積
      buffer[pointer] = Serial.read(); // バッファに格納
      pointer++;                        // ポインタを1進める
    }
    // 3つの十六進の数字が揃ったので、RGBの3バイトにデコード
    r = hex2dec(buffer[1]) + hex2dec(buffer[0]) * 16;
    g = hex2dec(buffer[3]) + hex2dec(buffer[2]) * 16;
    b = hex2dec(buffer[5]) + hex2dec(buffer[4]) * 16;

    pointer = 0; // 次にバッファを使うときのためにクリア
  }
}

btn = digitalRead(BUTTON); // 読み取った値を格納

// 変化があるかどうか
if ((btn == HIGH) && (old_btn == LOW)){
  state = 1 - state;
}

old_btn = btn; // 古い値を保存しておく

if (state == 1) { // ランプをオンにする場合
  analogWrite(R_LED, r); // コンピュータから来た
  analogWrite(G_LED, g); // 色情報に従って
  analogWrite(B_LED, b); // LEDを点灯する
}
else {
  analogWrite(R_LED, 0); // あるいは消す
  analogWrite(G_LED, 0);
  analogWrite(B_LED, 0);
```

```
  }
  delay(100); // 0.1秒待つ
}


int hex2dec(byte c) { // 十六進数を整数に変換
  if (c >= '0' && c <= '9') {
    return c - '0';
  }
  else if (c >= 'A' && c <= 'F') {
    return c - 'A' + 10;
  }
}
```

回路の組み立て

　図7-2のとおりに回路を組み立ててください。3つのLEDに接続されている抵抗器は220
Ω、CdSとプッシュボタンに使われている抵抗器は10KΩです。5章で使った部品が使えます。
　LEDには極性があります（5章のPWMの例を思い出してください）。この図ではわかりま
せんが、向かって右側が長いピン（プラス）、左側が短いピン（マイナス）です。多くのLEDは、
マイナス側に平らな印があります。
　LEDの色は赤、緑、青のものをそれぞれ1本ずつ使います。回路ができたらArduinoボー
ドを電源につなぎ、Processingスケッチを実行してみましょう。問題が生じたときは11章「ト
ラブルシューティング」を参照してください。
　ばらばらのLEDを3本使うかわりに、4本のリード線が出ているRGB LEDを1つ使う方法
もあります[†]。つなぎ方は図7-2の方法と同様ですが、違うのはArduinoのGNDにはコモン
カソードと呼ばれるピン1本だけをつなぐ点です。RGB LEDは普通のLEDと違って、一番
長いリード線をグランドにつなぎます。それ以外の3本の短いリード線をArduinoのピン9、
10、11に接続してください。LEDを3本使うときと同じように抵抗器を間に入れる必要があ
ります。

 RGB LED（フルカラーLEDとも呼ばれます）には、カソード（GND側）が共通になってい
るカソードコモン型と、アノード（プラス側）が共通になっているアノードコモン型の2種類
があります。本章のArduinoスケッチはカソードコモンの使用を想定しているので注意して
ください。アノードコモンを使う場合は、回路とスケッチの両方を変更する必要があります。

最後にブレッドボードをガラス製の球体に収めてできあがりです。ちょうどいい球を探して
いるのなら、IKEAのテーブルランプ「FADO」を買ってくるのがもっとも簡単な方法でしょう。
価格は31.99ドルまたは19.99ユーロです[‡]。

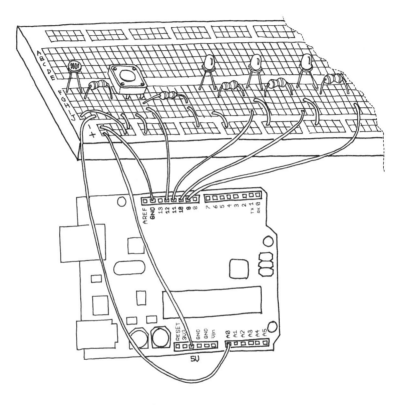

図6-2 Arduinoネットワークランプの回路

---

† 訳注：RGB LEDの入手先（ショップ名、品番、URL）
秋月電子：I-02476（http://akizukidenshi.com/catalog/g/gI-02476/）
‡ 訳注：日本における価格は2499円です（http://www.ikea.com/jp/ja/catalog/products/90096376/）。

最後の仕上げ

　市販のランプを改造する場合は、まずコンセントにつなぐ電線と電球を取り除きましょう。ここではIKEAのFADOに組み込む前提で考えてみます。

　Arduinoとブレッドボードは輪ゴムでひとつにまとめ、ランプの外側にホットボンドで固定します。無理に中へ入れる必要はありません。

　次に、長めの電線をブレッドボードから抜いたRGB LEDにハンダ付けし、そのLEDを電球があった場所にホットボンドで固定してください。LEDにつながる電線の一端はブレッドボードに接続します（LEDがもともと刺さっていた穴です）。4端子のRGB LEDを使うと、グランドの線が1本で済みます。

　スタンドを自作する場合は、ちょうどいい大きさの木ぎれを見つけてきて穴を開けるか、ランプが入っていた段ボール箱を5cmくらいの高さに切って穴を開けるといいでしょう。段ボール箱は、切り口をホットボンドで強化すると、より安定するはずです。スタンドができたらそこに球を置き、USBケーブルをコンピュータに接続します。

　ハードウェアが完成したら、Processingのコードを走らせ、ボタンを押し、ランプに生命が宿る瞬間を見守ってください。演習として、部屋が暗くなるとランプが点灯するコードを追加してみましょう。その他に次のような改良案が考えられます。

- ティルトスイッチを追加。ランプを回して向きを変えると電源がオンオフする。
- 小型のPIRセンサを追加。誰かが近くに来ると電源が入り、離れると消えるようコントロールする。
- 色を手動で選択するモードや、異なる色の間でフェードイン/フェードアウトする機能を追加する。

　いろんなことを試し、経験を積んで、楽しみましょう！

7 Arduinoクラウド
The Arduino Cloud

Arduinoクラウドは Arduino によって開発されたオンラインサービスです。誰でもブラウザを使ってデバイスをインターネットへ接続することができます。主な機能は次のとおり。

- Arduinoクラウド IDE は、Webサイトとして実装されたフル機能の開発環境です。ブラウザがあれば、Arduino のコードを書き、コンパイルし、ボードに書き込むことができます。
- IoTクラウドは最小限のコードで IoTデバイスを作成、プログラム、管理できるサービスです（最近の人は「ローコード」と呼びますね）。例えば、植物に水をやるためのデバイスを作って、ビーチで日焼けしている間にスマートフォンからそれを制御することができます。
- プロジェクトハブは、コミュニティによって構築された何千ものプロジェクトとチュートリアルからなるリポジトリです。面白いプロジェクトを探しているなら、ここから始めるとよいでしょう。

それでは、各機能を詳しく見ていきましょう。

Arduinoクラウド IDE

Arduinoクラウド IDE（旧称 Arduino Create）は、ブラウザ上で動作するクラウドベースの開発環境です。世界中のどこからでもログインできる完全な IDE で、あなたのコードはクラウド上に保存されます。Chromebookを使用している人や、複数の異なるコンピュータを使用していて、どこでも同じ設定に保ちたい場合に便利です。緊急時に他の人からコンピュータを借りたとしても、あなたのファイルやライブラリはそこにあります。Arduinoスケッチといっしょに回路図とレイアウト図を格納する機能はクラウド IDE の特徴のひとつで、schematic.png と layout.png をフォルダに入れると、IDE にタブとして表示されます。簡単ですね。クラウド IDE には既知のあらゆる Arduinoライブラリ（数千！）がプリインストールされているので、自分で探したりインストールするのに時間を費やす必要がありません。これもクラウド IDE ならではの特徴と言えるでしょう。初めての利用者は https://cloud.arduino.cc にアクセスして Arduino のアカウントを作ってください。ログインすると、次の画面が表示され、スケッチブックやその他必要なものが見つかります。

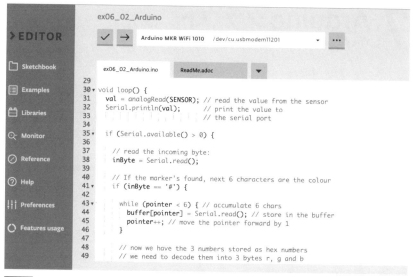

```
ex06_02_Arduino

              ✓      →      Arduino MKR WiFi 1010   /dev/cu.usbmodem11201      ▼     ···

  ex06_02_Arduino.ino        ReadMe.adoc       ▼
29
30 ▼ void loop() {
31     val = analogRead(SENSOR); // read the value from the sensor
32     Serial.println(val);     // print the value to
33                              // the serial port
34
35 ▼   if (Serial.available() > 0) {
36
37       // read the incoming byte:
38       inByte = Serial.read();
39
40       // If the marker's found, next 6 characters are the colour
41 ▼     if (inByte == '#') {
42
43 ▼       while (pointer < 6) { // accumulate 6 chars
44           buffer[pointer] = Serial.read(); // store in the buffer
45           pointer++; // move the pointer forward by 1
46         }
47
48         // now we have the 3 numbers stored as hex numbers
49         // we need to decode them into 3 bytes r, g and b
```

図7-1 ArduinoクラウドIDE

クラウドIDEの初回使用時に、Arduino Create Agentというごく小さなプログラムをインストールするよう求められます。このプログラムはブラウザがシリアルポート経由で接続したボードにスケッチを書き込めるようにしてくれます。

MKRやNano 33 IoTを使用している場合は、OTA（Over the Air updates）と呼ばれる機能が利用可能で、インターネット接続を介してボードに新しいコードをアップロードすることができます。

それからArduino IDE 2.0はクラウドとの同期機能を持っていて、ローカルに保存したスケッチブックをクラウド上のものとシンクロさせることができます（Dropboxみたいな感じですね）。

クラウドIDEの仕組みを詳しく知りたい人はhttps://cloud.arduino.ccを参照してください。

プロジェクトハブ

Arduinoクラウドの強力な機能のひとつがプロジェクトハブです。ホームオートメーションからインスタレーション、音楽からガーデニング、ペットの自動餌やりからロボットまで、あらゆるトピックをカバーする何千ものチュートリアルとプロジェクトを見つけることができます。いくつかのプロジェクトはとても洗練されていてドキュメントも充実しているので、Arduinoで何かを作り始めるときの出発点としても見る価値があります。

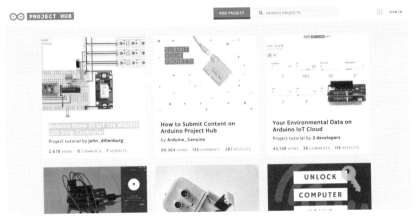

図7-2 Arduinoプロジェクトハブ https://create.arduino.cc/projecthub

IoTクラウド

IoTクラウドは、あなたのネットワークデバイスと他のデバイスをつなぐブリッジとして機能するオンラインサービスです。モバイルアプリやWebダッシュボードとの接続にも有用です。IoT対応Arduinoボードをインターネットに接続すると、IoTクラウドはそれを検知します。

図7-3 IoT対応Arduinoボードを IoTクラウドに接続

Unoのような IoT非対応のボードは使えません。下記のように「デバイスが見つからない」というメッセージが表示されます。IoTプロジェクトに適したボードと組み合わせて使うサービスです。

図7-4 IoT対応ArduinoボードをIoTクラウドに接続

　スマートフォンから犬におやつをあげる装置を作るとしたら、まずArduinoボード上に簡単なWebサーバを実装し（プロジェクトハブで同様のスケッチが見つかります）、スマホからWi-Fi経由でそれにアクセスして、必要なアクチュエータを制御する仕組みにするといいでしょう。

　問題は家の外から接続するとき。ファイアウォールでブロックされてしまうはずです。一般にファイアウォールはインターネットプロバイダが提供するルーターの機能で、あなたのデバイス（コンピューター、スマートフォン、ネットワークカメラなど）に対する外部からの予期せぬ接続を阻止するためにあります。悪意をもつ者から生活を守る重要な機能といえます。

　技術的にはファイアウォールに「穴」を開けて、特定の通信をデバイスに到達させることは可能ですが、ルーターごとに方法が異なることもあって実際にやろうとするとかなり面倒です。この問題を解決する最善の方法は、世界中のデバイスから接続を受けて、それらを互いに会話させる外部サービスを使用することです。IoTクラウドはそのためにあります。

IoTクラウドの機能

デバイス間の橋渡し以外にも、IoTクラウドは多くの便利な機能を提供します。

- ダッシュボード：複数のデバイスを監視・制御するためのユーザーインタフェースです。コードを1行も書かずに、要素（スライダー、ボタン、ゲージ表示など）をドラッグ&ドロップして様々な「もの」の変数を選択するだけでダッシュボードができあがります。
- コードの自動生成：Web上で「もの」の基本特性を定義し、ボタンを押すと、クラウドへの接続を管理するための高度なロジックを含むスケッチが書き出されます。このスケッチに含まれるコードがクラウドとの通信を自動的に管理するので、あなたは、センサーからデータを読み取り、アクチュエーターにデータを送信するコードを追加するだけです。これらの作業はArduinoクラウドIDEだけで可能です。つまりすべてがブラウザ上で完結します。
- データロギング：Arduinoクラウドは指定した変数の履歴を保存する機能を持っていて、ある量がどう経時変化したかを確認したり、そのデータをダウンロードしてより詳しく分析することができます。
- モバイルアプリ：無料のiOS/Android用アプリ「Arduino IoT Cloud Remote」を使えば、スマートフォンからあなたのデバイスを操作できます。
- Node-REDとの統合：Node-REDは広く使われているビジュアルプログラミングツールです。Arduinoクラウドが提供しているノードを使って、何百もの異なるAPIとあなたのデバイスを接続し、スマートホームなどの高度なオートメーションを実現できます。
- Webhook：デバイスの状態をデータが変化するたびに特定のURLへ送信するよう、Arduinoクラウドに指示することができます。これにより、IFTTT、Zapier、Google Appsなどのサービスと連携することができます。
- API：PythonやJavaScriptなどの言語でプログラミングする方法を知っている人はAPIを通じてArduinoクラウドと相互作用するアプリケーションを構築することができます。
- Alexaとの統合：ArduinoクラウドはAmazon Alexaと会話することができます。音声コマンドでデバイスの制御が可能です。

Arduinoクラウドの料金プラン

2デバイスまでは無料で使えます。より多くのデバイスを接続したい人やディスク容量がたっぷり欲しい人は、その量に応じて4段階のプランから選択してください。法人向けのプランと学校向けのプランも用意されています。詳しくは下記のページを参照してください。
https://cloud.arduino.cc/plans

8 時計じかけのArduino
Automatic garden-irrigation system

6章で作ったArduinoネットワークランプは、それまでに学んだ単純なスケッチを1つのプロジェクトにまとめたものでした。本章でも、新たな発想を加味した上で複数のシンプルな作例をひとつのプロジェクトにまとめていきます。

作るのは自動灌水システムです。Arduinoを使って毎日決まった時間に水道のバルブを開けて庭に水を撒きます。湿度が高い時は（雨が降るかもしれないので）水撒きを中止する機能も加えます。

 ガーデニングに縁のない人にとっても有用となるように本章は構成されています。下記の要素のどれかひとつにでも興味があれば、役に立つはずです。

- Arduinoに時計の機能を付け加えるRTCの使い方
- I2Cによるセンサとの通信
- モーターのように大電流を必要とする部品のコントロール
- リレーの駆動方法
- 温度湿度センサの使い方
- 回路図の基礎
- ブレッドボードで部品数の多い回路を組む方法
- 短いスケッチを組み合わせて長い複雑なスケッチを作る方法

教授として多くの学生を指導していると、ときどき、正しいものづくりの方法がすぐにわかると勘違いする者が現れます。そんなことはありません。設計とは徹底的な反復のプロセスです。

— Michael

　新しい作品を作るときは、ひとつのアイデアからスタートして、それを小さなピースに分解しながら計画を立てていきます。新しい部品の使い方を調べたり、初めてのプログラミング技法を検討するために回り道をすることもあるでしょう。Arduinoの使ったことのない機能を学ぶために、インターネット上の作例やチュートリアルを分析することも必要です。そうやって集めた知識とアイデアをつなぎ合わせていくと、漠然としていたプロジェクトが次第に形を見せてきます。

その過程で、最初のアイデアを変更する必要がでてくるかもしれません。いつでも前の判断を修正できるようにしておくべきです。初めから終わりまで一度のやり直しもなくひとりで設計をやり遂げられるエンジニアなどいません。初心者かプロかに関わらず、またソフトウェアかハードウェアかにも関わらず、すでに自分が理解している部分からはじめて、そこにゆっくりと必要なパーツを付け加えていきましょう。

　私は面白そうな部品やプログラミングコンセプトを見つけたら、すぐに使うあてがないものでも試してみることにしています。そうやって得た知識が新たな道具として備わっていくのです。エンジニアである以上、プロも学び続ける必要があります。初心者がつまずきながら新しいことを覚えていくのは自然なことです。

—— Michael

計画を立てよう

　作りたいものを実現するためにどんな要素が必要かを考えていきましょう。

　まず必要なのがガーデニング用の電磁バルブ。電気式の水栓として機能します。ホームセンターで入手可能です[†]。そのバルブに適した電源（ACアダプタ）も同時に購入してください。電磁バルブの電源はDC（直流）だけでなくAC（交流）の場合があり、ここではACも簡単に制御できるようリレーを使います。

 5章ではMOSFETを使ってモーターを制御しました。DC式の電磁バルブならば同じ方法で制御可能ですが、AC式のものをMOSFETで制御しようとすると、回路を付け加える必要があります。リレーは電磁石を使った一種のスイッチで、ACを直接制御することができます。

---

† 　訳注：訳者がガーデニングに疎いためか、日本のホームセンターを探してもこの作例に登場するような単体の電磁バルブを見つけることはできず、翻訳時の検証にはMonotaROから購入した下記の製品を使いました。AC24V仕様なので、電気的には互換性があると思います。電源（ACアダプタ）はAmazonで購入したものを組み合わせました。
電磁弁PL-DEV20：http://www.monotaro.com/p/8922/4764
AC/ACアダプター24V：http://www.amazon.co.jp/dp/B001876Y0Y
本章の回路で制御できるアクチュエータは電磁バルブに限らないので、自分が試してみたいものに取り替えて考えてもいいのではないでしょうか。たとえば、照明用LED、水槽用ポンプ、PCケースのファン、ソレノイド、小型電球など、リレーの定格（後述）に収まる範囲でさまざまな機器を制御できます。

次に水流をオンオフするタイミングについて考えます。決められた時刻に水を撒くためには、「時計」が必要ですね。Arduinoもタイマー機能を持っていますが、正確さや扱いやすさの面で今回の用途には不向きです。廉価な専用デバイスがあるので、それを使いましょう。RTC（Real Time Clock）です。RTCにコイン電池をつなげば、マイコン（ここではArduino）が停止している間も正確に時を刻み続けることができます。

雨が降るのに水撒きをするのは無駄なので、温度・湿度センサを接続して、スケッチでその値を確認してからバルブを開くことにします[†]。利用するのは湿度のデータだけですが、使用するセンサからは温度の情報も得ることができます。

水まきの時刻をセットするためのユーザーインタフェイスも必要ですね。液晶ディスプレイとスイッチが理想ですが、スケッチが複雑になりすぎるので、まずはシリアル通信を使うことにしましょう。

おおまかに要素を洗い出したら、簡単にブロックダイアグラムを描いて、それらがどう接続されるかを明確にすべきです。

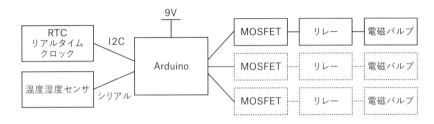

図8-1 使用する部品の関係を明らかにするブロックダイアグラム

図8-1を見ると電磁バルブが3つ描かれていますね。スケッチは図のとおり、3つのバルブを同時に制御できるよう開発します。ただし、回路の説明は簡略化のためバルブは1個ということにして進めます。本章の回路が完全に動くようになったら、2個目、3個目の電磁バルブについて考えてみてください。

プロジェクトは徐々に複雑になっていきます。その途中で、スケッチのデバッグをしやすくするためにLEDを1個追加します。使用部品についての詳しい説明は、必要になった段階で行います。

それではまずRTCからテストしましょう。

---

† 訳注：原書初版では「湿度が50%を超えていたら雨」という判断基準になっていました。しかし、訳者の自宅（東京）でテストすると、湿度68%でも雨が降る気配はありませんでした。原著者（Michael）はカリフォルニア在住のようです。前提としている環境がかなり違うようなので、湿度センサと降雨判定に関する部分は記述を改め「湿度が高いときは雨が降るかもしれないので水撒きをやめる」という考え方に直しています。

リアルタイムクロック（RTC）のテスト

　DS1307のモジュールはいろいろなメーカーから出ています。機能はどれもよく似ているので、入手しやすいものを使ってください。筆者はElecrowが扱っている"TinyRTC"（https://www.elecrow.com/tiny-rtc-for-arduino-p-323.html）を使いました[†]。

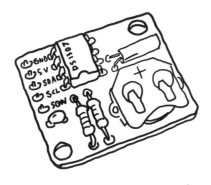

図8-2 RTC（リアルタイムクロック）モジュール

　基板にはヘッダピンをハンダ付けして、ブレッドボードやArduinoのソケットに刺せるようにしてください。

　本書ではハンダ付けの仕方を説明しません。他の書籍やインターネット上の情報を参照してください。たとえば、『Make: Electronics 第2版──作ってわかる電気と電子回路の基礎』（オライリー・ジャパン）に詳しい説明があります。

　DS1307はI2Cと呼ばれる通信インターフェイスを使います。ArduinoにはWireというI2C用の標準ライブラリがあり、それとAdafruitが提供しているDS1307用のライブラリを組み合わせることで、簡単にこのデバイスの機能を利用するスケッチを書くことができます。

---

†　訳注：本書翻訳時にはAdafruitのDS1307 Real Time Clock Boardを使って動作確認しました。国内でも取り扱っているショップがあります。
スイッチサイエンス：https://www.switch-science.com/products/3038/

使用するライブラリの名前は「RTCLib」です。以下の手順に従ってArduino IDEにインストールしてください。

1. 「ツール」メニューから「ライブラリを管理 ...」を選択してライブラリマネージャを開く。
2. 「検索をフィルタ ...」と表示されている検索ボックスに「RTCLib」と入力。
3. いくつか表示される候補から「RTCLib by Adafruit」を選び、インストールボタンを押す。
4. ライブラリマネージャを閉じるときは左端の本棚のアイコンを押す（このアイコンから開くこともできます）。

　ライブラリが正常にインストールされたか確認しましょう。この段階ではまだ回路を作る必要はありません。IDEの「ファイル」メニューから「スケッチ例」を選択してください。リスト下部の「カスタムライブラリのスケッチ例」という分類のなかに「RTCLib」という項目があるはずです。このなかの「ds1307」が目的のスケッチです。これを開いて「検証（Verify）」ボタンを押してください。「コンパイル完了」と表示されたら、ライブラリは正常に導入されています。

　多くの場合、ライブラリには使用例となるスケッチが付属していて、ユーザーは動くコードから使い方を学ぶことができます。このスケッチはライブラリの作者と同じ人によって書かれていることが多いので、動作確認の意味でも間違いがないと思っていいでしょう。

　次はRTCモジュールをArduino Unoに取り付けて動作チェックを行います。TinyRTCやAdafruitのモジュールはブレッドボードを使わなくても直接Arduino Unoのピンに接続できます。
　RTCモジュール側の使用するピンは5V、GND、SDA、SCLの4本。それをArduinoのアナログ入力ピンに接続してください（図8-3）。ArduinoのA2ピンをGND、A3ピンを5Vとして使っています。こんなことができるのはRTCが超低消費電力なデバイスだからで、常に使える方法ではありません。

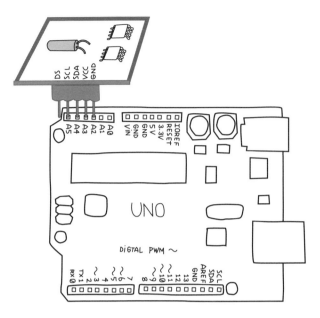

図8-3 RTCモジュールをUnoに直接つなぐ方法（この方法はUnoでしか使えない）。電源端子がVCCと表記されているが、5VやV+といった表記の製品もある

　A2、A3を電源として使うため、さきほど開いたスケッチに次の4行を追加してください。位置をわかりやすくするためsetup()から始めていますが、既存のsetup()の中に追加するという意味です。

```
void setup() {
    pinMode(A3, OUTPUT);
    pinMode(A2, OUTPUT);
    digitalWrite(A3, HIGH);
    digitalWrite(A2, LOW);
```

　修正済みのスケッチは下記のページの「Download Example Code」をクリックすると入手できます。
　http://bit.ly/ start_arduino_3e

異なるマイクロコントローラを採用しているArduinoボードは、I2C信号（SDAとSCL）の
ピン位置も異なる可能性があります。この不便に対応するため、Arduino Uno R3で新しい
ピンレイアウトが採用され、AREFピンの横にSDAとSCLが設けられました（本来のピン
割り当てと重複しています）。どのピンがSDAとSCLか調べなくても済むので便利ですね。

　準備ができたら、スケッチをArduinoボードへ書き込み、シリアルモニタを開いて右下の
リストから57600bpsを選択しましょう。すると、次のようなメッセージが3秒間隔で表示され
ます。

```
2013/10/20 15:6:22
    since midnight 1/1/1970 = 1382281582s = 15998d
    now + 7d + 30s: 2013/10/27 15:6:52

2013/10/20 15:6:25
    since midnight 1/1/1970 = 1382281585s = 15998d
    now + 7d + 30s: 2013/10/27 15:6:55
```

　このとき表示される時刻はかなり狂っているはずですが、時間が進んでいくことは確認で
きるでしょう。
　実行したスケッチは、現在時刻（1行目）のほかに、1970年1月1日からの経過時間（2行
目）、現在時刻に7日と30秒を加算した日時（3行目）を表示します。
　RTCに正しい時刻をセットするには、コードの修正が必要です。次の行を見つけてください。

```
    rtc.adjust(DateTime(__DATE__, __TIME__));
```

そして、この行を rtc.begin() のすぐ後へ移動します。

```
    rtc.begin();
    rtc.adjust(DateTime(__DATE__, __TIME__));
```

　この1行は「時計合わせ」をするためのものです。カッコのなかの __DATE__ と __
TIME__ には、コンパイル時の日付と時刻が入っていて、コンピュータの時計が正確なら、
RTCの日時も正確にセットされます（IDEが書き込みを終えるまでの数秒間はズレます）。
　修正したスケッチを書き込んだら、正確な時刻が表示されることを確認してください。

087

```
2014/5/28 16:12:35
    since midnight 1/1/1970 = 1401293555s = 16218d
    now + 7d + 30s: 2014/6/4 16:13:5
```

正確な時刻をセットしたら、すぐにスケッチを最初の状態に戻し、再度書き込む必要があります。そうしないと、リセットするたびに、コンパイルしたときの時刻へ戻ってしまいます。

RTCは基板上のコイン電池が生きている間、時を刻み続けます[†]。

リレーのテスト

リレーを選ぶときは、制御する対象（ここでは電磁バルブ）が何アンペア必要とするかをまず考えてください。ほとんどのガーデニング用電磁バルブは300mA（ミリアンペア）程度なので、小型のリレーで対応可能です。次にリレーを動かすコイルにかける電圧に着目します。Arduinoと同じ5Vで動かすことができると回路がシンプルになるので、5V仕様のリレーがいいでしょう。

図8-4が使用したパナソニックDS2E-S-DC5V[‡]の外見で、メーカーが公開しているデータシートによると、スイッチ側の電圧を表すコイル定格電圧は5V、制御可能な電圧と電流を表す定格制御容量はDC30V 2Aです。ACの場合は125V 0.6Aが上限となります。今回の用途には十分ですね。

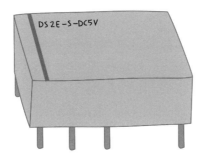

図8-4 5Vリレー

---

†　訳注：Adafruitによると、コイン電池で5年以上連続動作するようです。コイン電池なしでは正常に動作しないという記述もあります。
https://learn.adafruit.com/ds1307-real-time-clock-breakout-board-kit
‡　訳注：DS2E-S-DC5Vの注文品番はAG232944で、ショップによってはこの番号で検索しないとヒットしませんでした。マルツ、MonotaROなどで扱っています。5V駆動でDC30V 2A程度の容量を持つ小型リレーであれば他の製品も使えます。たとえば下記の製品が候補となるでしょう。
秋月電子：941H-2C-5D（http://akizukidenshi.com/catalog/g/gP-01229/）

このリレーをArduinoで直接動かすことはできません。コイルに5Vを掛けると40mAが流れる仕様なので、負荷が大きすぎます。5章でモーターを動かすときに使ったMOSFETの出番です。本章では小型のMOSFET、2N7000[†]を使います。動作を安定させる10KΩの抵抗器と、リレーの動作時に生じる逆起電力から半導体を守るダイオード（1N4148[‡]）も必要です。

 電源投入直後のArduinoのデジタル入出力ピンはすべて入力モードになっていて、pinMode()で設定を変更するまではそのままです。入力モードのピンはHIGHでもLOWでもない「浮いている（フローティング）」状態で、そこに接続したMOSFETはオンオフが定まりません。短時間オンに切り替わって、水が漏れ出すということも起こりえます。それを防ぐために、MOSFETのゲート端子とGNDをつなぐ10KΩの抵抗器（プルダウン抵抗）を付け加えます。この抵抗によって、ピンがLOW状態で安定し、HIGHにセットすればHIGHへ正しく切り替わります。

回路図入門

どんな部品がどう接続されているかを図で示したものが回路図です。回路図は部品の形や大きさを伝えるためのものではありません。実際の基板の形やレイアウトを表すものでもありません。回路図はその機能を明確かつ簡潔に伝えるためのもので、部品と配線は簡素な記号で表されます。

回路図を読み書きするにあたって最初に覚えてほしいのは次の2点です。

・図の上のほうの電圧は高く、下のほうは低い。
・信号は左から右へ流れる。

もちろん実際の図には例外も多いのですが、可能な範囲で上記のルールに従って書かれます。

---

† 訳注：2N7000の取扱店、品番、URLは次のとおり。
秋月電子：I-03918（http://akizukidenshi.com/catalog/g/gI-09723/）
共立電子：B67124（http://eleshop.jp/shop/g/gB67124/）
‡ 訳注：1N4148の取扱店、品番、URLは次のとおり。
秋月電子：I-00941（http://akizukidenshi.com/catalog/g/gI-00941/）
共立電子：8AH131（http://eleshop.jp/shop/g/g8AH131/）

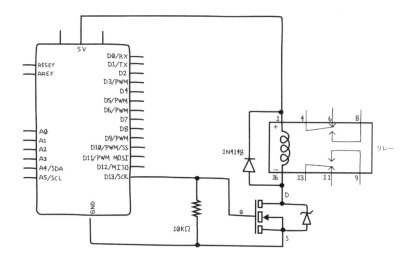

図8-5 Arduinoにリレーを接続した段階の回路図

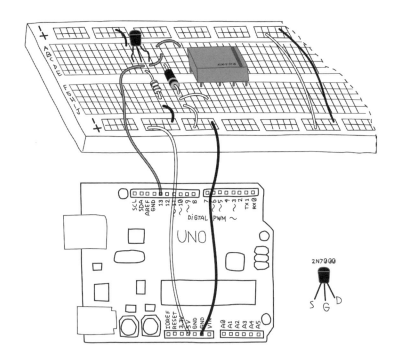

図8-6 Arduinoにリレーを接続した段階の実体配線図と2N7000のピン配置

回路図のなかの部品はシンプルな記号で表現されます。現実の部品の形状を元にしていることが多いのですが、そうでない場合もあります。Arduinoのようにピンがたくさんある複雑な部品は、そのまま記号化すると見にくく、書くのも大変なので、細部が省略されることがあります。たとえばArduino UnoにはGNDピンが3本ありますが、回路図に記入されているのはひとつだけかもしれません。実際にGNDピンがどこに何本あり、使うのはどのピンなのかは、組み立て方を検討する段階で考慮することになるでしょう。

　図8-5は本章最初の回路図です。それを組み立てた状態をイラストレーションで示した実体配線図（図8-6）と比較してください。

LEDやダイオードは「向き」が重要でした。たとえば、LEDは短い方のピンをGND側にしないと光りません。向きが重要な部品はほかにもいろいろあって、MOSFETは3本のピンにゲート（G）、ソース（S）、ドレイン（D）という名前がついています。組み立てるときは、現実の部品と資料をよく見て、どのピンがGで、どのピンがSかを確認してください。型番が印刷されている平らな面を自分に向けて、左から順にピン名を読み上げるといいでしょう。2N7000はS、G、Dです。5章で使ったMOSFETとは異なるので要注意。リレーにはピンが8本もあり、最初は混乱するはずです。上面の線が向きを表しているので、実体配線図のリレーの線（右側です）と実物の線の向きを揃えて組み立てると、間違えにくいと思います。

　回路の組み立てが済んだら、スケッチを実行しましょう。MOSFETを13番ピンに接続したので、おなじみのBlinkスケッチが使えます。Arduinoボードに書き込むと、カチッカチッとリレーが切り替わる音が聞こえるでしょうか。内部の電磁石が金属の接点を動かしている音です。

電磁バルブのテスト

　リレーの制御ができるようになったので、次はそのリレーに電磁バルブと電源を接続します。
　電磁バルブと電源（ACアダプタを想定しています）からは、それぞれ2本の電線が出ているはずです。その先端がそのままブレッドボードに刺さればいいのですが、そうでない場合は、ちょっとした加工が必要となります。図8-7のように、ブレッドボード用のジャンパ線を継ぎ足してやるのが簡単な方法です[†]。ハンダ付けで接続した部分はかならずビニールテープや熱収縮チューブでカバーしてください。うっかり他の部品に触れるとショートします。

---

†　訳注：訳者が使用したACアダプタには2.1mm（Arduinoと同じ直径）のプラグがついていました。そこで、市販のブレッドボード用コネクタ変換キットを使って、そのプラグのままブレッドボードに接続できるようにしました。電線を継ぎ足すよりも安心です。たとえば、下記のような製品があります。
秋月電子：ブレッドボード用DCジャックDIP化キット（K-05148、http://akizukidenshi.com/catalog/g/gK-05148/）

図8-7 電磁バルブやACアダプタの電線 (より線=左側) に、ブレッドボード用の電線 (単線=右側) を継ぎ足す

　準備ができたら、電磁バルブと電源をリレーに接続しましょう。このときはまだ電源をコンセントにつないではいけません。Arduinoも電源にはつながない状態で作業してください（配線をいじるときはいつもそうすべきですね）。

 間接的にではありますが、あなたのブレッドボードとコンセントがつながる瞬間です。配線に間違いはないか、露出している電線はないか、Arduinoも含めすべてが電源から切り離されているかを確認してから、作業してください。

電磁バルブは水回りで使っても安全なように作られていますが、確実に動作するまでは水道のそばで作業するのは避けましょう。とくにACアダプタを濡れた手で扱うと感電する恐れがあります。常に回路は濡れないように注意してください。

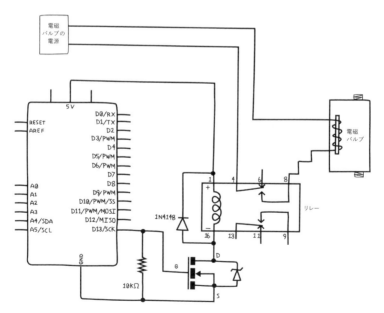

図8-8　電磁バルブを追加した回路図

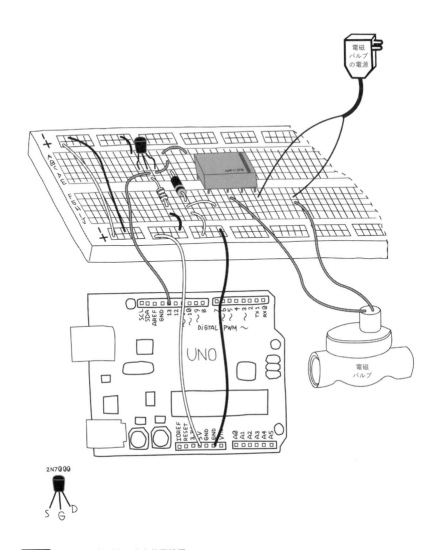

図8-9 電磁バルブを追加した実体配線図

スケッチは先ほどと同様にBlinkが使えます。電磁バルブとArduinoボードを電源につなぐと、リレーの小さなカチッカチッという音と同時に電磁バルブの動作音が聞こえますか？聞こえるならここまでは完成です。聞こえない場合は、すぐに全電源を抜いて配線を確認してください。ただし、水圧がかかっていないと動作音が聞こえない電磁バルブもあります。

電磁バルブの動きを目で見ることができないので、LEDを追加して状態を光で確認できるようにしましょう。

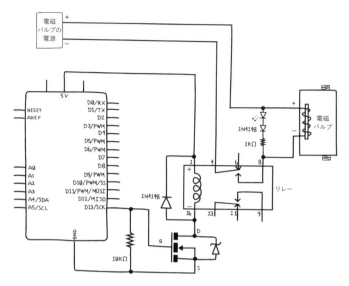

図8-10 LEDを追加した回路図

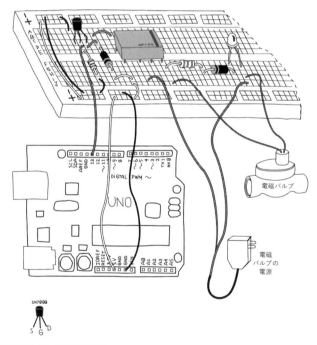

図8-11 LEDを追加した実体配線図

回路図を見ると、LEDだけでなくダイオードと抵抗器が追加されているのがわかりますね。

　このダイオードはAC電源のときだけ必要です。電圧の正負が周期的に変化するACの場合、LEDに対して逆向きの電圧がかかります。小さな逆電圧には堪えられるのですが、LEDの定格を超えると壊れてしまうので、それを防ぐために別のダイオードを直列につないでいます。リレーの導入時に使った1N4148がここでも使用可能です。抵抗器は電流を制限するためのもので、1KΩ以上のものを直列に接続してください。

　さてこれで電磁バルブの制御ができるようになりました。次は雨降りを検知するセンサを試します。

温度・湿度センサのテスト

　DHT11[†]は温度と湿度を同時に測定できる使いやすいセンサで、Arduinoと3本の線をつなぐだけで動作します。接続方法は図8-12と図8-13を見てください。

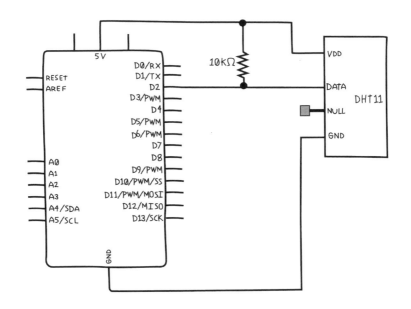

図8-12 DHT11温度・湿度センサとArduinoの回路図

---

†　訳注：DHT11の取り扱い店、品番、URLは次のとおり。
秋月電子：M-07003（http://akizukidenshi.com/catalog/g/gM-07003/）

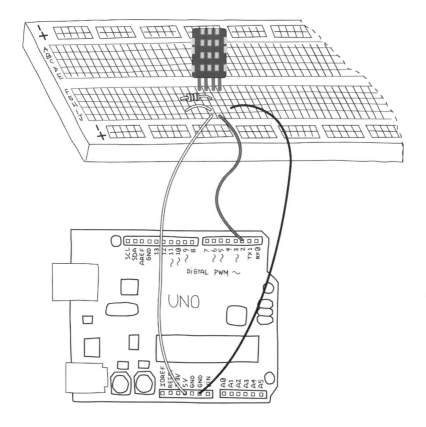

図8-13 DHT11をArduinoにつないだ実体配線図

　DHT11のDATAピンと5Vを結ぶ10KΩの抵抗器（プルアップ抵抗）が必要です。NULL
と書かれているピンはどこにも接続しません。

　次はライブラリをインストールしましょう。先述のRTCLibと同じように、ライブラリマネー
ジャでAdafruitの「DHT sensor library」を探してインストールしてください。その後「スケッ
チの例」を見ると、DHTtestというライブラリ付属の例があるはずです。これを開いて、検証
ボタンを押しましょう。「コンパイル完了」と表示されたら正しくインストールされています。

　このスケッチをボードへアップロードする前に、一か所修正が必要です。DHTtestのス
ケッチを見てください。

```
// Uncomment whatever type you're using!
//#define DHTTYPE DHT11   // DHT 11
#define DHTTYPE DHT22   // DHT 22   (AM2302)
//#define DHTTYPE DHT21   // DHT 21 (AM2301)
```

このコードはDHTシリーズの3品種から、使用する1つを選んでいます。DHT22を定義する行だけコメントになっていませんね。つまり、DHT22を使うという意味です。

ここではDHT11を使いたいので、下記のようにコメントアウトする行を変更してください。

```
// Uncomment whatever type you're using!
#define DHTTYPE DHT11   // DHT 11
//#define DHTTYPE DHT22   // DHT 22   (AM2302)
//#define DHTTYPE DHT21   // DHT 21 (AM2301)
```

これでDHT11を使用する準備ができました。スケッチをArduinoボードへ書き込んで、シリアルモニタを開きましょう。すると、次のように表示されます[†]。

```
DHTxx test!
Humidity: 47.00 % Temperature: 24.00 *C 75.20 *F Heat index:
77.70 *F
Humidity: 48.00 % Temperature: 24.00 *C 75.20 *F Heat index:
77.71 *F
```

センサにそっと息を吹きかけると湿度が変化し、指を押し当てると温度が変化するはずです。

これで使用する部品ごとのテストが済みました。いよいよ、部品をまとめてひとつの作品に仕上げる段階へ進みますが、その前に、ソフトウェアで実現する機能をテストしておきます。

---

† 訳注：湿度 (humidity) に続いて、温度が摂氏 (C) と華氏 (F) で出力され、最後に体感温度 (heat index) が華氏で示されます。

リレーを開閉する時刻を設定するスケッチ

　毎日、指定した時刻に水まきをするためには、バルブを開く時刻と閉じる時刻を設定する機能が必要です。複数のバルブを扱えるよう、配列を使って時刻を記録します。次のコードは、その配列の定義です。

```
const int NUMBEROFVALVES = 3;
const int NUMBEROFTIMES = 2;
int onOffTimes [NUMBEROFVALVES][NUMBEROFTIMES];
```

　最初にバルブの数と設定可能な時刻の数を定義しています。こうすることで、理解しやすく変更しやすいスケッチになります。定数の名前をすべて大文字にするのは普通の変数と区別するためです。

　onOffTimesは配列の配列になっていますね。びっくりしましたか？　このような配列を2次元配列といいます。表計算ソフトの行と列を思い出してください。この配列は、表の各行(縦方向)にバルブの番号、各列(横方向)に開閉時刻を記入した表と同じ構造です。

　横方向に時刻が並ぶわけですが、どの列がオンの時刻で、どの列がオフの時刻かをわかりやすくするために、やはり定数を宣言します。1列目(0から数えます)がオンの時刻、2列目がオフの時刻としました。

```
const int ONTIME = 0;
const int OFFTIME = 1;
```

　次に決めるのは、開閉時刻の設定方法です。これはユーザーインターフェースに属する話題で、典型的な方法はボタンを使ったメニュー式でしょう。しかし、それを実現しようとすると、スケッチも回路も複雑になります。代わりに、シリアルモニタからArduinoへ簡単なメッセージを送って設定する方法をとります。

　どのバルブを、オンオフどちらに、何時に、という順番で記述することにし、オンとオフはそれぞれNとFという1文字で(NはONのN、FはOFFのF)、時刻は処理しやすい24時間制の4桁で(午後1時5分は1305)、表すことにしましょう。

　たとえば、バルブ2を13時5分にオンにしたいときは、

```
2N1305
```

と記述します。

Arduinoでこのようなメッセージを受信してパース[†]するときは、`Serial.parseInt`関数が便利です。この関数は、シリアルポートからデータを読み込む点では`Serial.read()`と同じですが、読んだデータが数字のときは、数字以外の文字が現れるまでをひとつの数値として読み込んでくれます。

次に、ユーザーがシリアルモニタから送った「命令」を`Serial.parseInt()`を使ってパースし、清書してシリアルモニタへ送り返すスケッチを示します。

Example 8-1 命令をパースするテスト

```
const int NUMBEROFVALVES = 3;
const int NUMBEROFTIMES = 2;
int onOffTimes [NUMBEROFVALVES][NUMBEROFTIMES];

const int ONTIME = 0;
const int OFFTIME = 1;

void setup() {
  Serial.begin(9600);
}

void loop() {
  // 命令文の例 "2N1345"
  // これを、バルブ番号、オンオフ(N/F)、時刻の3要素にパース
  while (Serial.available() > 0) {  // シリアルポートにデータあり
    int valveNumber = Serial.parseInt(); // バルブ番号を読み取る
    char onOff = Serial.read();  // 次はNかF
    int desiredTime = Serial.parseInt();  // 次に4桁の時刻を読む

    if (Serial.read() == '\n') { // 改行(NewLine)なら命令おわり
      if ( onOff == 'N') { // 命令がONなら
        onOffTimes[valveNumber][ONTIME] = desiredTime;
      }
      else if ( onOff == 'F') { // 命令がOFFなら
        onOffTimes[valveNumber][OFFTIME] = desiredTime;
```

[†] 訳注：ある文法に従って書かれた文を、その文法に従って分解し、コンピュータが処理できるデータ構造に変換することをパース(parse)あるいは構文解析といいます。

```
      }
      else {  // NでもFでもない場合はエラーメッセージ
        Serial.println ("You must use upper case N or F
only");
      }
    }
    else {  // 改行が来ない場合はエラーメッセージ
      Serial.println("no Newline character found");
    }
    // パースした結果を読みやすく清書して送り返す
    for (int valve = 0; valve < NUMBEROFVALVES; valve++) {
      Serial.print("valve # ");
      Serial.print(valve);
      Serial.print(" will turn ON at ");
      Serial.print(onOffTimes[valve][ONTIME]);
      Serial.print(" and will turn OFF at ");
      Serial.print(onOffTimes[valve][OFFTIME]);
      Serial.println();
    }
  } // ここまでSerial.available()の処理
}
```

　このスケッチをArduinoボードに書き込んだら、シリアルモニタを開いてください。右下の通信条件の設定が「Newline」(LFのみ)と「9600bps」になっていますか？　スケッチが行末のコードを見て命令文の終わりを判断するので、改行コード無しやCRのみに設定されていると正しく動作しません。

　設定が良ければ、命令を送ってみましょう。たとえば、「バルブ1を午後1時30分にオン」という指示を送るとしたら、「1N1330」と打って、送信ボタンを押します。すると、次のようにメッセージが返ってきます。

```
valve # 0 will turn ON at 0 and will turn OFF at 0
valve # 1 will turn ON at 1330 and will turn OFF at 0
valve # 2 will turn ON at 0 and will turn OFF at 0
```

　3つのバルブ (0～2) の状態が一覧になっていて、今送ったバルブ1の設定が命令どおりに変化しているのがわかります。

なお、次に完成版のスケッチを示しますが、そこでは命令のフォーマットを変更していま
す。単純な4桁の数字ではRTCが返す時刻と比較しにくいので、「13:30」のようにコロン
で時と分を区切ることにします。また、ユーザーが設定時刻をいつでも確認できるよう「P」
(print)というコマンドを導入し、シリアルモニタから「P」を送信すると一覧が表示され、時
刻を設定するときは「S2N13:30」のように「S」(set)を先頭に付けて送信することにします。

1本のスケッチにまとめる

　これで機能ごとのテストはすべて完了しました。それらを1本のスケッチにまとめ、完成版
とします。全機能をsetup()とloop()に入れてしまうと、理解できないほど複雑なスケッ
チになってしまうので、機能ごとに関数を作り、それをloop()から呼び出すことにしましょ
う。たとえば、先ほどのパース機能はexpectValveSettings()という名前の関数となっ
て登場します。

Example 8-2 Arduino灌水システム

```
#include <Wire.h>    // Wireライブラリを導入 (RTCライブラリが使用)
#include "RTClib.h"  // RTCライブラリを導入
#include "DHT.h"     // DHTセンサライブラリを導入

// 使用するアナログピン
const int RTC_5V_PIN = A3;
const int RTC_GND_PIN = A2;

// 使用するデジタルピン
const int DHT_PIN  = 2;       // 温度湿度センサ
const int WATER_VALVE_0_PIN = 8;
const int WATER_VALVE_1_PIN = 7;
const int WATER_VALVE_2_PIN = 4;
const int NUMBEROFVALVES = 3; // 電磁バルブの数
const int NUMBEROFTIMES = 2;  // 時刻設定の数

// バルブをオンオフする時刻を記憶する配列
int onOffTimes [NUMBEROFVALVES][NUMBEROFTIMES];
// 配列中のオン時刻とオフ時刻を示すインデクス
const int ONTIME = 0;
const int OFFTIME = 1;
```

```
// 各バルブがどのピンに接続されているかを表す配列
int valvePinNumbers[NUMBEROFVALVES];

#define DHTTYPE DHT11     // DHT11を使用（DHTライブラリが使用）
DHT dht(DHT_PIN, DHTTYPE);  // DHTオブジェクトの生成

RTC_DS1307 rtc;        // RTCオブジェクトの生成

// 複数の関数が使用するグローバル変数
DateTime dateTimeNow;     // RTCからの値
float humidityNow;        // DHT11から受け取った湿度

void setup() {

  // RTCをArduinoに直結しない場合、以下の4行は不要
  pinMode(RTC_5V_PIN, OUTPUT);
  pinMode(RTC_GND_PIN, OUTPUT);
  digitalWrite(RTC_5V_PIN, HIGH);
  digitalWrite(RTC_GND_PIN, LOW);

  Wire.begin();       // Wireライブラリを初期化
  rtc.begin();        // RTCオブジェクトを初期化
  dht.begin();        // DHTオブジェクトを初期化
  Serial.begin(9600); // シリアル通信を9600bpsで初期化

  // バルブ番号と接続されているピン番号の対応付け
  valvePinNumbers[0] = WATER_VALVE_0_PIN;
  valvePinNumbers[1] = WATER_VALVE_1_PIN;
  valvePinNumbers[2] = WATER_VALVE_2_PIN;
  // バルブ制御用のピンのモードを出力に変更
  for (int valve = 0; valve < NUMBEROFVALVES; valve++) {
    pinMode(valvePinNumbers[valve], OUTPUT);
  }
}

void loop() {

  // コマンドの例を繰り返し表示
```

```
  Serial.println("Type 'P' or 'S2N13:45'");

  // 現在の日時、温度、湿度を表示
  getTimeTempHumidity();

  // ユーザーからのリクエストを処理
  checkUserInteraction();

  // リレーの開閉処理を行う
  checkTimeControlValves();

  // 5秒待機
  delay(5000);
}

// 現在の日時、温度、湿度を取得
void getTimeTempHumidity() {

  // 現在時刻を取得して表示
  dateTimeNow = rtc.now();
  if (! rtc.isrunning()) {
    Serial.println("RTC is NOT running!");
    // RTCを初めて使用する場合はrtc.adjustの行をif文の外へコピーし、
    // 1度だけ実行してRTCの時計をセットします。
    // RTCのテストの時にセット済みならこのスケッチでの実行は不要です。
    // rtc.adjust(DateTime(__DATE__, __TIME__));
    return; // RTCが動作していない場合は以下の処理を行わない
  }
  Serial.print(dateTimeNow.hour(), DEC);
  Serial.print(':');
  Serial.print(dateTimeNow.minute(), DEC);
  Serial.print(':');
  Serial.print(dateTimeNow.second(), DEC);

  // 温度と湿度を取得して表示
  humidityNow = dht.readHumidity();
  float t = dht.readTemperature();     // 摂氏
  float f = dht.readTemperature(true); // 華氏
```

```
// 値の取得に失敗していたら、エラーメッセージを出力して中断
if (isnan(humidityNow) || isnan(t) || isnan(f)) {
  Serial.println("Failed to read from DHT sensor!");
  return;
}

Serial.print(" Humidity ");
Serial.print(humidityNow);
Serial.print("% ");
Serial.print("Temp ");
Serial.print(t);
Serial.print("C ");
Serial.print(f);
Serial.print("F");
Serial.println();
}

// ユーザーからのリクエストをチェックして、正しいフォーマットなら
// その命令を実行する
void checkUserInteraction() {

  while (Serial.available() > 0) {
    // 1文字によってモードを切り替える
    char temp = Serial.read();

    // 1文字目がPの場合は設定状況を出力してブレーク
    if ( temp == 'P') {
      printSettings();
      Serial.flush();
      break;
    }
    // 1文字目がSの場合は設定変更
    else if ( temp == 'S') {
      expectValveSetting();
    }
    // PでもSでもないときは使い方を表示してブレーク
    else {
```

```
      printMenu();
      Serial.flush();
      break;
    }
  }
}


// "2N13:45"というフォーマットの文字列をパースして
// バルブごとの開閉時刻を設定する
void expectValveSetting() {

  // 1文字目はバルブ番号を表す整数
  int valveNumber = Serial.parseInt();
  // 2文字目はNまたはF(ONかOFF)
  char onOff = Serial.read();
  // 次の2文字は「時」
  int desiredHour = Serial.parseInt();
  // 時と分を区切るコロン':'か?
  if (Serial.read() != ':') {
    Serial.println("no : found"); // コロン以外ならエラー
    Serial.flush();
    return;
  }
  // 次の2文字が「分」
  int desiredMinutes = Serial.parseInt();
  // 行末はNewline(LF=ラインフィード)か?
  if (Serial.read() != '\n') {
    Serial.println(
      "Make sure to end your request with a Newline");
    Serial.flush();
    return;
  }

  // 指定された時と分をもとに0時からの経過時間(分)に変換
  int desiredMinutesSinceMidnight =
    (desiredHour * 60 + desiredMinutes);
```

```
  // 取得した情報を配列に反映させる
  if ( onOff == 'N') { // ON時刻
    onOffTimes[valveNumber][ONTIME] =
    desiredMinutesSinceMidnight;
  }
  else if ( onOff == 'F') { // OFF時刻
    onOffTimes[valveNumber][OFFTIME] =
    desiredMinutesSinceMidnight;
  }
  else { // NでもFでもない場合はエラーメッセージ
    Serial.println ("You must use upper case N or F to
indicate ON time or OFF time");
    Serial.flush();
    return;
  }

  printSettings();
}


// 設定された時刻をもとにバルブの開閉を行う
void checkTimeControlValves() {

  // 現在時刻を取得し、それを0時からの経過時間(分)に変換
  int nowMinutesSinceMidnight =
    (dateTimeNow.hour() * 60) + dateTimeNow.minute();

  // 設定された条件との比較をバルブの数だけ繰り返す
  for (int valve = 0; valve < NUMBEROFVALVES; valve++) {
    Serial.print("Valve "); // バルブ状態の表示を並行して行う
    Serial.print(valve);
    Serial.print(" is now ");

    // 現在時刻がバルブのON時刻とOFF時刻の間ならバルブを開く
    if ( ( nowMinutesSinceMidnight >= onOffTimes[valve]
[ONTIME]) && ( nowMinutesSinceMidnight < onOffTimes[valve]
[OFFTIME]) ) {
```

```
      // 湿度が高い=雨天なら水まきは中止（湿度80%が閾値）
      if ( humidityNow > 80 ) {
        Serial.print(" OFF ");
        digitalWrite(valvePinNumbers[valve], LOW),
        // バルブ閉じる
      }
      else {
        Serial.print(" ON ");
        digitalWrite(valvePinNumbers[valve], HIGH);
        // バルブ開く
      }
    }
    else {
      Serial.print(" OFF ");
      digitalWrite(valvePinNumbers[valve], LOW);
      // 時間外なので閉じる
    }
    Serial.println();
  }
  Serial.println();
}


// 現在の設定内容を見やすく清書してユーザーに送る
void printSettings(){
  Serial.println();
  for (int valve = 0; valve < NUMBEROFVALVES; valve++) {
    Serial.print("Valve ");
    Serial.print(valve);
    Serial.print(" will turn ON at ");
    // 時間（分）を時刻に変換して表示
    Serial.print((onOffTimes[valve][ONTIME])/60);
    Serial.print(":");
    Serial.print((onOffTimes[valve][ONTIME])%(60));
    Serial.print(" and will turn OFF at ");
    Serial.print((onOffTimes[valve][OFFTIME])/60); // 時間
    Serial.print(":");
    Serial.print((onOffTimes[valve][OFFTIME])%(60)); // 分
```

```
Serial.println();
  }
}


void printMenu() {
  Serial.println("Please enter P to print the current settings
");
  Serial.println("Please enter S2N13:45 to set valve 2 ON time
to 13:34");
}
```

ひとつの電子回路にまとめる

　ソフトウェアが完成しました。ハードウェアもこれまでにテストしたものをひとつにまとめて完成させましょう。統合（integration）は単純なようで難しい作業です。単体では問題がなかった複数のコンポーネントを統合した途端、予期していなかった衝突が発生するのはよくあることです。配線の量が格段に増えるので、慎重に作業しましょう。

　図8-14が全体の回路図です。実体配線図（図8-15）と照らし合わせながら組み立ててください[†]。

---

† 　訳注：最後の回路図ではリレーがそれまでの pin 13ではなく、pin 8に接続されているので注意してください。使用するピンを変更する場合は、スケッチ（Example 8-2）の修正も必要です。

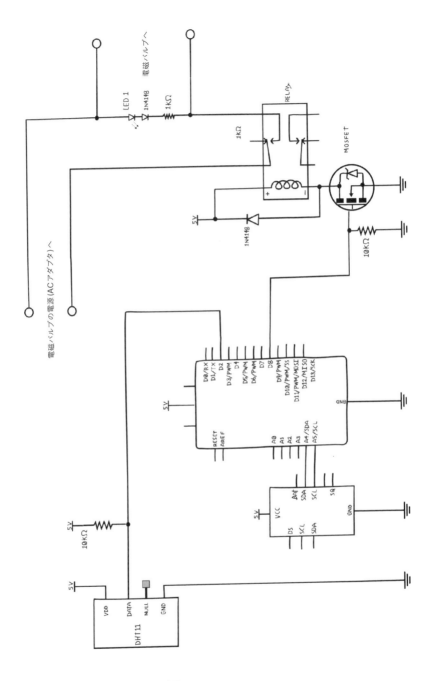

図8-14 Arduino灌水システムの回路図

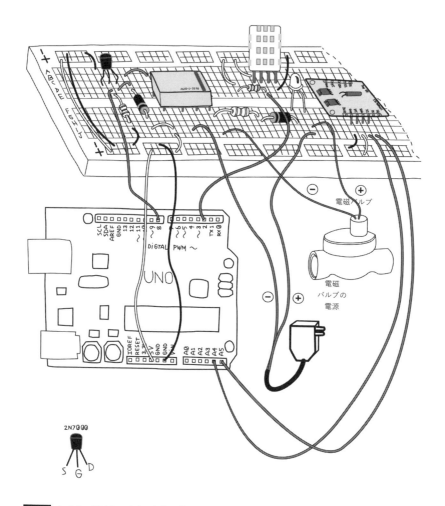

図8-15 Arduino灌水システムの実体配線図

複雑な回路を組み立てるときは、回路図をコピーし、色鉛筆か蛍光ペンを持って、配線を終えた部分に印を付けながら進めるといいでしょう。

　組み立てが終わったら、Arduinoボードにスケッチを書き込んでください。そうしたら、シリアルモニタを開きます。5秒おきに次のようなメッセージが表示されるでしょう。

```
13:30:45 Humidity 57.00% Temp 26.00C 78.80F
Valve 0 is now  OFF
Valve 1 is now  OFF
Valve 2 is now  OFF
```

　現在時刻、湿度、温度、全バルブの状態を示しています。シリアルモニタから「P」を送信すると、現在の設定状況が次のように表示されます。

```
Valve 0 will turn ON at 0:0 and will turn OFF at 0:0
Valve 1 will turn ON at 0:0 and will turn OFF at 0:0
Valve 2 will turn ON at 0:0 and will turn OFF at 0:0
```

　まだ何も設定していないので、すべて0時0分ですね。バルブ2の開閉時刻を設定してみましょう。「S2N13:30」と「S2F13:40」を送信してください。もちろん、時刻は好きな値に変更してかまいません。設定変更はすぐに反映され、次のように表示されます。

```
Valve 2 will turn ON at 13:30 and will turn OFF at 13:40
```

　これで13時30分にリレーがカチリと鳴ってオンとなり、40分にもう一度鳴ってオフとなるはずです。
　スケッチは3つの電磁バルブに対応していますが、回路側には1個しかないので、バルブ1とバルブ2は設定してもシリアルモニタ上の表示が変化するだけです。電磁バルブを増やすときは、スケッチを見て、どのピンがバルブの制御に使われているかを確認してください。
　このシステムを実際にあなたの庭に設置して長期間動かすためにはハードウェアをもっと頑丈に作り直す必要があるでしょう。残念ながら、そうした高度な工作テクニックの解説は他書にゆずらなくてはなりません。本章からは、RTCや温度センサといった一般的なコンポーネントとライブラリの使い方、リレーによるアクチュエータの制御方法、シリアル通信ベースの簡易的ユーザーインターフェースの作り方、そして少し規模の大きいスケッチの書き方などを取り入れてください。

111

9 Arduino ARMボードファミリー
The Arduino ARM Family

元来、Arduinoボードは、Atmel AVR 8ビットマイクロコントローラをベースに設計されています。AVRは、価格、柔軟性、使いやすさの点で優れていますが、処理スピードとメモリサイズに制約があって、最新のネットワークプロトコルをサポートすることは困難です。そこでArduinoチームは、ARMアーキテクチャの低価格32ビットマイクロコントローラを利用して、劇的にパワフルで柔軟なボードファミリーを開発しました。

AVRとARMの違い

AVRとARMは、どちらもアーキテクチャの名前です。ARMアーキテクチャはARM社によって開発され、他社にライセンスされていますが、AVRアーキテクチャは開発したAtmel社（現在はMicrochip社）だけが製品化しています。

AVRは単機能のマイクロプロセッサとして登場することはなく、必ずメモリや入出力ポートなどの周辺機器と統合されたマイクロコントローラ（以下マイコン）として製品化されました。一方、ARMはマイコンとしても、単体のマイクロプロセッサとしても使われています。

AVRベースのマイコンは、比較的シンプルで低速な8ビットマイコンから始まり、その後16ビットや32ビットまで製品ラインアップが拡大しました。一方、ARMベースのマイコンは32ビットで、より複雑な周辺回路を持ち、メモリも大幅に多く、AVRベースのデバイスより高速に動作します。

32ビットで何が変わる？

8ビット、32ビット、64ビットという分類をよく見かけますが、どういう意味なのでしょうか。これはマイコン内部でのデータの取り扱い単位で、数字が大きいほど一度に動かせるデータが大きくなります。32ビットマイコンは、8ビットマイコンの4倍の情報を一度にメモリから取り出すことができます。数値計算などの内部処理が32ビットずつ行われるという意味でもあります。つまり、計算が格段に速くなるのです。こうしたメリットとクロックの速さが相まって、8ビットマイコンでは実行困難な複雑で大規模なプログラムを動かすことができます。

AVRとARMのどっちがいいの?

この答えは、何をしようとしているかによります。一般的に、AVRベースのシステムは低コストで、設計やプログラミングが簡単です。一方、複雑なプログラムを動かすために大量のメモリと高速性を必要とする場合は、ARMベースのデバイスを使用する方がよいでしょう。

これからArduinoを始める人は、AVRベースのArduinoボードを選んでおけばまず間違いありません。すでにArduinoの回路やプログラムに慣れていて、Wi-Fiや複雑な数値計算を処理する場合は、ARMベースのArduinoボードが適しています。

特にネットワークを構築するのであればARMベースのボードが良いでしょう。より多くのメモリ(たとえばフラッシュはUnoの32Kに対して256KB、SRAMはUnoの2Kに対して32KB)と、より速い処理速度を持ち、ネットワークプロトコルを扱うのに適しています。以下に示すように、ほとんどのARMベースのArduinoボードはワイヤレスネットワークプロトコルをサポートしています。

ARM搭載Arduinoボードの紹介

Arduinoは3種類のARMコアを採用しました。Cortex M0、Cortex M0+、そしてM4です。同じARMでも、性能や機能に差があります。

ARM Cortex M0コアは、8ビットマイコンの代わりに使用する32ビットマイコンという位置付けで、低コストであることに最適化されています。Cortex M0+は、さらに消費電力を抑えるために最適化され、いくつかの新機能が追加されています。Cortex M4は、モーター制御、自動車、電源管理、組み込みオーディオ、産業用オートメーションなどの分野をサポートするために、DSP(デジタル信号処理)命令やFPU(浮動小数点演算ユニット)などのさまざまな新機能を備えたより強力なコアです。DSP命令とFPUにより、Cortex M4は極めて高速に数値計算を実行することができます。

現時点でのARM搭載Arduinoボードは次のとおり:

	形状	コア	ワイヤレス
Arduino Zero	Uno R3	ARM Cortex-M0+	なし
Arduino Nano 33 BLE	Nano	ARM Cortex-M4	BLE
Arduino Nano 33 BLE Sense	Nano	ARM Cortex-M4	BLE
Arduino Nano 33 IoT	Nano	ARM Cortex-M0+	WiFi、BLE
Arduino MKR Zero	MKR	ARM Cortex-M0+	なし
Arduino MKR WAN 1310	MKR	ARM Cortex-M0+	LoRa
Arduino MKR Vidor 4000	MKR	ARM Cortex-M0+	WiFi、BLE
Arduino MKR NB 1500	MKR	ARM Cortex-M0+	4G GSM
Arduino MKR WiFi 1010	MKR	ARM Cortex-M0+	WiFi、BLE
Arduino MKR GSM 1400	MKR	ARM Cortex-M0+	3G GSM

特別な機能

これらのボードの中には特別な機能を持つものがあります。たとえば、Arduino MKR Zero はI2SポートとSDカードソケットを持っています。I2Sはデジタルオーディオのためのインターフェイスで、オーディオファイルの再生や分析が可能です。I2Sに対応した他のデジタルオーディオ機器に直接接続することもできます。

Arduino MKR Vidor 4000 には、ARMマイコンに加えてFPGA（Field Programmable Gate Array）と呼ばれるデバイスが搭載されています。本書の範囲外ですが、FPGAには論理回路を構成する要素（ゲート）がたくさん並んでいて、ゲート間の接続をソフトウェアで制御することにより、あらゆるデジタル回路が実現可能です。演算はハードウェアで行われるためFPGAで実装されたプロジェクトは驚くほど高速に動作します。Arduino MKR Vidor 4000にはMicro HDMIポートが搭載されていて、そこから出力するビデオ映像をリアルタイムに生成することが可能です。

動作電圧

5Vで動作するArduino Unoとは対照的に、ARM搭載ボードはすべて3.3Vで動作するため、1セルの充電式リチウムイオン電池やリチウムポリマー電池を電源として使用できます。MKR WIFI 1010やMKR WAN 1310など一部のボードには、バッテリーコネクターと充電回路があって、USBからバッテリーの充電が可能です。バッテリーで動作するワイヤレスデバイスを作りたいなら、これらのボードは最適でしょう。

3.3Vで動作するということを、LEDやセンサーといった外部コンポーネントを接続する際に思い出してください。5章の「プッシュボタンの代わりに光センサを使う」で使ったスイッチやCdSのような抵抗型のセンサーは問題なく動作しますが、8章で使った湿度センサーのような5V用の部品は動かないかもしれません。回路中に3.3Vと5Vの部品を混ぜるときは、十分な注意が必要です。3.3V部品に3.3Vを超える電圧を与えてはいけません。

駆動電流

LEDを接続するケースについて、もう少し説明します。5章で、Arduinoの各ピンは最大20mA（ミリアンペア）まで使用可能と学びましたね。一方、SAMD21マイコン（ARM Cortex-M0+コア搭載のArduinoボードで使われているマイコン）は、この数値がわずか7mAです。LEDを直接接続する場合は、220Ω以上の抵抗を直列に入れてください（LEDのVfを1.8Vと仮定して計算）。LEDがちゃんと光らない場合はトランジスタで駆動することを検討しましょう。

デジタルからアナログへの変換

すべてのArduinoボードは指定した電圧を生成するanalogWrite()関数をサポートしていますが、その方法はPWMによる疑似的なものです。LEDの明るさやモーターの回転数を制御するには十分なものの、時には本当のアナログ電圧が必要なこともあるでしょう。ARMベースのボードにはDAC（Digital to Analog Converter）が搭載されているので、それが可能です。analogWrite()でDAC対応のピンを指定し、数値を与えると、その数値に比例した電圧が発生します。DACを搭載しているArduinoボードは次のとおりです。

Arduino Zero、Arduino Nano IOT、Arduino MKR 1010、Arduino MKR WAN、Arduino MKR NB、Arduino MKR GSM、Arduino MKR Vidor 4000

USBホスト

SAMD21（Cortex-M0+）を搭載したArduinoボードは、USBポートをホストモードに設定することができます。つまり、キーボードやマウスを接続することができます。逆に、キーボードやマウスのふりをすることも可能です。

NanoとMKRのフットプリント

Arduino ZeroはArduino Uno R3と同じフットプリント（ボードの形状）ですが、それ以外のARMベースArduinoボードはNanoまたはMKRのフットプリントです。Unoではピンソケットが基板上面に置かれるのに対し、NanoとMKRでは基板下面にピンを置くことで、ブレッドボードに直接差し込めるようになっています。シールドについても同じで、MKRやNanoボード用のシールドはUnoのように上から被せるのではなく、ボード下部に取り付けます。

10 ARMボードを使って作る インターネット・グータッチ

Talking to the internet with ARM: An Internet Connected "Fistbump"

ARMベースのArduinoボードが持つ魅力のひとつは、複雑なネットワークプロトコルを処理する能力です。この章では、MKR WiFi 1010[†]を使って初歩的なインターネット接続プロジェクトの作り方を紹介します。このボードはWi-Fiに接続し、インターネットにアクセスするためのモジュールが内蔵されています（Wi-Fiが内蔵されているNano 33 BLEでも動作しますが、バッテリーコネクターはありません）。

このプロジェクトはMichael Angが就職面接用に作ったデモからインスピレーションを受けました。JavaScriptとWebページはJack B. Duが手助けしてくれました。

インターネット・グータッチ

皆さんが本書を読むころには、このパンデミックがおさまっているといいのですが、執筆中の現在は、まだソーシャルディスタンスが必要で、握手やハグやグータッチ[‡]は我慢しなければなりません。そこで考えたのが、このプロジェクトです。Webページをクリックすると世界中の誰とでもインターネット越しに触れ合うことできます。

家にインターネットとWi-Fiはありますよね。このプロジェクトは自宅のWi-Fiに接続して実行します。問題は、インターネットを越えて他の家のデバイスとコミュニケーションする方法です。通常、各戸のLANはルーターによってインターネットから見えなくなっています。インターネットから見るとIPアドレスは各戸にひとつだけで、家庭内の各デバイスのアドレスを他人が知って、直接アクセスすることはできません。この仕組みはセキュリティー面では良いのですが、インターネット・グータッチのためには何か解決策が必要です。

---

†訳注：Arduino MKR WiFi 1010の入手方法（ショップ名、品番、URL）
秋月電子通商：M-16556（akizukidenshi.com）
スイッチサイエンス：7384（www.switch-science.com）
マルツ：ABX00023（www.marutsu.co.jp）
‡　訳注：原文では"fistbump"。Wikipediaには「握手やハイタッチと似た意味で用いられる拳と拳を突き合わせる仕草をするジェスチャーの一種」とあります。

MQTTプロトコル

インターネットにおけるコミュニケーションはプロトコルの積み上げによって実現されています。最下層のプロトコルはハードウェアと直接インターフェースし、上位のプロトコルはその下のプロトコルとインターフェースします。この構造のおかげで、下位のプロトコルを再実装することなく、さまざまなプロトコルを開発することができるわけです。扱うデータを見るなら、下位のプロトコルは個々のバイトを扱い、その少し上にはバイトをパケットにまとめるプロトコルがあり、さらに上位にはパケットをさまざまなメッセージにまとめるプロトコルがあります。上層にはたくさんのプロトコルがあって、目的に応じて適切なプロトコルを選択します。ここでは、MQTT（Message Queueing Telemetry Transfer）というプロトコルを使用します。これは、複数のデバイス間でほぼリアルタイムに短いメッセージを交換するのに最適なプロトコルです。

MQTTシステムは通常、複数のクライアントと単一のブローカーから構成されます。ブローカーの役目は、あるクライアントからのメッセージを他のクライアントへ渡すことです。クライアントはメッセージを生成または消費します。その両方を同じクライアントがする場合もあります。各クライアント（ここではArduinoボード）はIDを持っていて、やり取りされるメッセージは、このIDとトピックによって識別されます。

トピックはデータを分類するためのキーワードで、送信側のクライアントはトピックとデータをセットにしてブローカーへ送ります。これをMQTTではパブリッシュ（発行）と言います。受信側のクライアントはサブスクライバー（購読者）とも呼ばれ、あらかじめブローカーに登録しておいたトピックを購読することができます。

この仕組みの美しさは、ブローカーがインターネット上の開かれた位置にあるなら、どこからでもアクセスして、どこへでもメッセージを送れるところにあります。誰かさんのブラウザからあなたのArduinoへメッセージを送る方法がわかりましたね。

MQTTはプロトコルであって製品ではありません。ブローカーが必要なら、自分で作るか、既存のものを自分のサーバーにインストールするか、誰かが提供しているブローカーを利用するかのいずれかになるでしょう。ここでは、sternenbauer社のパブリックブローカー"shiftr.io"を利用します。ベーシックプラン[†]は無料です。

MQTTクライアントは2種類作ります。ひとつはArduino MKR WiFi 1010を使った動くデバイス、もうひとつはWebページです。Webページを置くサーバーとして筆者はGlitch.comというプロバイダを利用しましたが、皆さんは自分の使い慣れたサービスを使ってください[‡]。

[†] 訳注：最大100接続、毎秒5000メッセージ以下の場合。詳細なプランは下記ページを参照
https://www.shiftr.io/cloud
[‡] 訳注：翻訳時の動作チェックにはプロバイダを使用せず、MacBookのローカルディスクにファイル（.htmlとjs.）を置き、それをブラウザ（Chrome）で直接開いて実行しました。

このプロジェクトは次の4パートに分割することができます：

1. Arduino ボードにつなぐ電子回路と物理的な機構
2. shiftr.io 上のブローカー
3. Arduino スケッチ
4. JavaScript コードを含む web ページ

ここからは、この順番に従って各パートを説明します。

インターネット・グータッチのハードウェア

回路はとても簡単。使うのは、ホビー用サーボモーターとブレッドボードだけです。

5章で紹介した連続回転するモーター（DCモーター）と違い、サーボモーターは指定した角度に回転軸の向きが変化するモーターです。内部に軸の方向を検出するセンサーと、指示した方向にモーターを動かす回路があって、電気信号を角度に変換します。動力はDCモーターですが、減速ギアによってトルクを高めています。ホビー用サーボモーターは、もともとラジコン飛行機の舵を動かすためのものでした[†]。180度くらいの範囲で正確に向きを変える機構を作りたいときに活躍します。

ホビー用サーボモーターからは3本の電線が出ています。DCモーターは2本でしたね。その2本にかかる電圧によって回転スピードをある程度変えることができました。サーボモーターの場合は3本のうちの1本が制御信号用で、それに与えるパルスの幅によって、回転軸の角度が決まります。

ホビー用サーボモーターの配線は下記のように色分けされているものが多いです[‡]。

線の色	意味	Arduinoのピン
黒	グランド	GND
赤または茶	電源+	5V
白または黄	制御信号	PWM出力のどれか

---

† 訳注：このことからRCサーボ（ラジコン用サーボモーター）と呼ばれることもあります。本書で使用しているような、もっとも小型なものを「マイクロサーボ」と呼んでいるメーカーやショップもあります。

‡ 訳注：色分けの表は原書のとおり記載しましたが、現実にはこれに当てはまらない製品もあります。たとえば、秋月電子が扱っている "Tower Pro SG-90" (https://akizukidenshi.com/catalog/g/gM-08761/) の場合、茶＝GND、赤＝電源+、橙＝制御信号と記載されています。必ず使用する製品の説明書を確認してから接続しましょう。なお、訳者はこの製品を使って動作確認を行いました。

なお、本書では制御信号線をArduinoボードの9番ピンにつなぐことにします。IDE付属のスケッチ例でこのピンを使用しているからです。

実際にArduinoボードと接続する際は、サーボモーター側のコネクタを直接Arduinoの端子につなぐことはできないので、ブレッドボードを経由してください。このときジャンプワイヤの色も黒、赤、白にして、サーボモーターの配線と揃えておくとわかりやすいです。

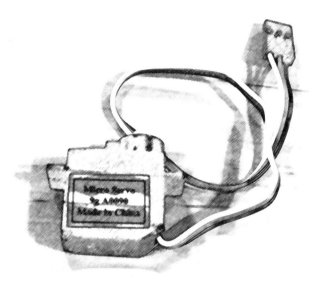

図10-1 ホビー用サーボモーター

サーボモーターとArduino MKR WiFi 1010がつながったら、付属のスケッチ例を使ってテストしましょう[†]。「ファイル」メニューの「スケッチ例」から「Servo」→「Sweep」とたどって、スケッチを開きます。接続が正しければ、これをアップロードするだけでサーボモーターが動き始めます。約180度の範囲で軸が行ったり来たりするはずです。

動作確認が済んだら、サーボモーターに拳の絵を貼り付けましょう。回転軸にそのまま貼るのは難しいので、先端にサーボホーンをネジ止めしてください。ホーンはサーボモーターに付属している場合があるので、最初からそういう製品を選ぶと買い物の手間が省けます。筆者はホットグルーを使って、下記の絵をプリントアウトした「腕」をホーンにくっつけました。

---

† 訳注：初めてArduino MKR WiFi 1010を使うとき、Arduino IDEからArduino SAMD Boards用の追加ファイルをインストールするよう促されます。これを行わないとスケッチ例（Sweep）がメニューに現れません。コンパイルもできません。追加ファイルのインストールにはインターネット接続が必要です。

図10-2 腕の絵

　次のスケッチは、指定した角度でサーボモーターを止めるためのものです。腕の絵を貼り付けるとき、正確に位置決めしたい人はこれを使ってちょうどいい角度を探してください。

Example 10-1 腕の位置決め

```
#include <Servo.h>
Servo myservo;
void setup() {
  myservo.attach(9);
  myservo.write(45); // 45度を維持
}
void loop() {
  // なにもしない
}
```

　普段の腕は引いた状態で、タッチしたとき水平になるようスケッチ内の角度と貼り付け位置を調整し、その角度をメモしておきましょう。

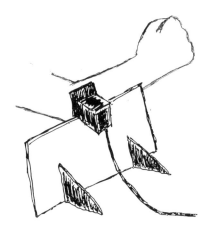

図10-3 サーボモーターに腕を描いたボール紙を貼り付けた状態

Shiftr.io上のMQTTブローカー

　前述のとおり、shiftr.io は誰でも利用できる無料のパブリックブローカー（public.cloud.shiftr.io）[†]を提供しています。このブローカーを使って、他のユーザーがあなたのメッセージにアクセスしたり、あなたにメッセージを送ったりできることに注意してください。プライベートブローカーが必要な場合は、shiftr.io にアカウントを開設する必要があります。パブリックブローカーへの接続には、ユーザー名 "public" とパスワード "public" を使用します。筆者はクライアントIDを「GSWA4E_ARM_Demo」、トピックは「fistbump」としましたが、どちらも好きなものに変更してかまいません。この後のスケッチで、Arduino からブローカーにアクセスします。

インターネット・グータッチの Arduino スケッチ

　Arduino スケッチの内容はかなり濃いものになっています。処理の流れを `setup()` と `loop()` に分けて説明します。

[†]　訳注：このURLでは、shiftr.io のパブリックブローカーの状態がリアルタイムに可視化されています。たくさんのクライアントの間を目まぐるしくメッセージが飛び交う様子を見ると、MQTTシステムの振る舞いがイメージできるようになるかもしれません。

setup():
1. IDE のシリアルモニターが開かれるのを待つ。
2. Wi-Fi に接続する。
3. MQTT ブローカーに接続する。
4. サーボモーターを有効化（attach）する。

loop()
1. MQTT との接続が切れたら、再接続する。
2. メッセージが到着したら、それを読んで数値に変換し、サーボモーターの角度を変更する。

Example 10-2 MQTT クライアント（Arduino MKR WiFi 1010 のスケッチ）[†]

```
/*
  A simple MQTT client with a servo motor
  20 May 2021 - Created by Michael Shiloh
  Based almost entirely on MqttClientButtonLed by Tom Igoe.
  https://tigoe.github.io/mqtt-examples/
*/

#include <WiFiNINA.h>               // Nano33用WiFiライブラリ（要インストール）
#include <ArduinoMqttClient.h>   // MQTTプロトコル用のライブラリ（要インストール）

#define SECRET_SSID "YourSSID"    // 使用するWiFiアクセスポイントのSSID
#define SECRET_PASS "YourKey"     // そのSSIDのパスキー（パスワード）

WiFiClient wifi;
MqttClient mqttClient(wifi);   // MQTTクライアントを生成しwifiに紐付け
char broker[] = "public.cloud.shiftr.io"; // パブリックブローカーのホスト名
int port = 1883;                          // そのポート番号
char topic[] = "fistbump";                // トピック（変更可）
char clientID[] = "GSWA4E_ARM_Demo";   // クライアントID（変更可）
```

---

† 訳注：コンパイル前に下記の2つのライブラリをインストールする必要があります。
WiFiNINA by Arduino
ArduinoMqttClient by Arduino

```
#include <Servo.h>
Servo servo;
const int servoPin = 9;      // サーボモーターの制御信号は9番ピンに接続


void setup() {
  Serial.begin(9600);
  while (!Serial)
    ;                        // IDEのシリアルモニタが開かれるまで待つ

  // WiFi setup
  while (WiFi.status() != WL_CONNECTED) {
    Serial.print("Connecting to ");
    Serial.println(SECRET_SSID);
    WiFi.begin(SECRET_SSID, SECRET_PASS);
    delay(2000);
  }  // WiFiに接続できるまで先に進まない
  Serial.print("Connected. My IP address: ");
  Serial.println(WiFi.localIP());    // 接続したらIPアドレスを表示

  // MQTTブローカーへ接続
  mqttClient.setId(clientID);
  mqttClient.setUsernamePassword("public", "public");
  while (!connectToBroker()) {
    Serial.println("attempting to connect to broker");
    delay(1000);
  }  // ブローカーへの接続に成功するまで先へ進まない
  Serial.println("connected to broker");

  // サーボモーターの初期化
  servo.attach(servoPin);
}

void loop() {
  // Shiftr.ioのMQTTブローカーは落ちることがあります
  // 落ちていたら再接続を試みます
  if (!mqttClient.connected()) {
    Serial.println("reconnecting");
```

```
    connectToBroker();
  }
  // メッセージが届いたら
  if (mqttClient.parseMessage() > 0) {
    Serial.print("Got a message on topic: ");
    Serial.println(mqttClient.messageTopic());
    // それを読んで
    while (mqttClient.available()) {
      // 数値を表す文字列をintに変換、コンソールとサーボに反映
      int message = mqttClient.parseInt();
      Serial.println(message);
      servo.write(message);
    }
  }
}


// MQTTブローカーへの接続（成功したらtrueを返す）
boolean connectToBroker() {
  // 接続失敗の場合
  if (!mqttClient.connect(broker, port)) {
    // エラーメッセージを表示して、falseを返す
    Serial.print("MOTT connection failed. Error no: ");
    Serial.println(mqttClient.connectError());
    return false;
  }
  Serial.print("Connected to broker ");
  Serial.print(broker);
  Serial.print(" port ");
  Serial.print(port);
  Serial.print(" topic ");
  Serial.print(topic);
  Serial.println();
  // 接続に成功したらトピックをサブスクライブ
  mqttClient.subscribe(topic);
  return true;
}
```

このスケッチは`setup()`内でまずシリアルポートが開かれるのを待ちます。ユーザーが IDEのシリアルモニターを開くまで、処理は先へ進みません。MQTTブローカーへの接続ま で順調に進むと、次のようなメッセージがシリアルモニターに表示されます。

```
Connecting to MySSID
Connected. My IP address: 192.168.0.X
Connected to broker public.cloud.shiftr.io port 1883 topic
fistbump
connected to broker
```

インターネット・グータッチのwebページ

webページは index.html と sketch.js の2ファイルからなり、ユーザーのクリックに反応 してMQTTブローカーにメッセージを送信するコードが含まれています。index.htmlファイ ルは、2つのライブラリ（p5.jsとMQTTライブラリ）とsketch.js（ブラウザ上の処理を行う JavaScriptコード）をロードするだけの単純なものです。

Example 10-3 index.html

```
<html>
  <head>
    <script src="https://cdnjs.cloudflare.com/ajax/libs/
p5.js/1.0.0/p5.min.js"></script>
    <script src="https://cdnjs.cloudflare.com/ajax/libs/paho-
mqtt/1.0.1/mqttws31.min.js" type="text/javascript"></script>
    <script src="sketch.js"></script>
  </head>
  <body>
  </body>
</html>
```

次はJavaScriptのコードです。Processingのweb版であるp5.jsは、Arduinoの言語と も似ていて、`setup()`関数が一度実行され、その後に`draw()`関数が繰り返し実行されます。 `setup()`関数は、次のような処理を行います。

1. MQTTライブラリからMQTTオブジェクトを生成する。
2. コールバック関数を設定する。この関数はMQTTブローカーとの接続が確立または切断 された時とメッセージの到着時に呼び出される。

3. 各種メッセージを表示するための要素を web ページに作成する。

4. キャンバスの背景色を設定する。

このプログラムの draw() は何もしません。すべてコールバック関数で処理されます。

ユーザー操作の処理は mousePressed() と mouseReleased() というマウスクリックに関する2つのコールバック関数で行われます。

- mousePressed() 関数はヘルパー関数 sendMqttMessage() を使用して、「グー」を動かすためのメッセージを送信します。また、キャンバスの色を変更してマウスボタンのクリックを視覚的にフィードバックします。
- mouseReleased() 関数は、「グー」を引っ込めるためのメッセージを送信し、キャンバスを元の色に戻します。

MQTTコールバック関数は、MQTTライブラリによって検出され、呼び出されます。

- onConnect() 関数は、トピックをサブスクライブします。
- onConnectionLost() 関数は、接続が切断されたことを報告します。
- onMessageArrived() 関数は、受信したすべてのメッセージを表示します。

Example 10-4 sketch.js

```javascript
// 接続するMQTTブローカーの情報
let broker = { hostname: 'public.cloud.shiftr.io', port: 443 };

// MQTTクライアントとトピックの情報
let client;
let creds = {
  clientID: 'GSWA4E_ARM_Demo_Web',
  userName: 'public',
  password: 'public'
};
let topic = 'fistbump';

// ページ上の情報
let localDiv; // ローカルメッセージ
let remoteDiv; // リモートメッセージ
let statusDiv; // デバッグ情報
let instructionsDiv; // 説明
```

127

```
function setup() {
  createCanvas(windowWidth, windowHeight);
  // MQTTクライアントの生成とコールバックの設定
  client = new Paho.MQTT.Client(broker.hostname, broker.port,
creds.clientID);
  client.onConnectionLost = onConnectionLost;
  client.onMessageArrived = onMessageArrived;
  // MQTTブローカーへ接続
  client.connect(
    {
      onSuccess: onConnect,
      userName: creds.userName,
      password: creds.password,
      useSSL: true
    }
  );

  // ページ上のメッセージ更新
  instructionsDiv = createDiv('Click anywhere to send a
fistbump');
  instructionsDiv.position(20, 20);
  localDiv = createDiv('local messages will go here');
  localDiv.position(20, 50);
  remoteDiv = createDiv('waiting for messages');
  remoteDiv.position(20, 80);
  statusDiv = createDiv('status messages will go here');
  statusDiv.position(20, 110);
  background(240); // 背景に薄いグレー
}


function draw() {
  // ここでは何も処理しない（すべてコールバック内で処理）
}


// マウスクリックで170（サーボの角度）が送られ、背景色変更
function mousePressed() {
  sendMqttMessage('170' );
```

```
    background(220); // グレー
    localDiv.html('I sent a fistbump!');
}
// マウスを離すと10が送られ、背景色戻す
function mouseReleased(){
    sendMqttMessage('10');
    background(240); // 薄いグレー
    localDiv.html('I withdrew my fist');
}


// MQTTクライアントが接続したときに呼ばれる
function onConnect() {
    localDiv.html('client is connected');
    remoteDiv.html('topic is ' + topic);
    client.subscribe(topic);
}
// 接続を失ったとき呼ばれる
function onConnectionLost(response) {
    if (response.errorCode !== 0) {
        localDiv.html('onConnectionLost:' + response.
errorMessage);
    }
}
// メッセージが到着したときに呼ばれる
function onMessageArrived(message) {
    remoteDiv.html('I received a message:' + message.
payloadString);
}
// メッセージの送信
function sendMqttMessage(msg) {
    // MQTTブローカーに接続しているか
    if (client.isConnected()) {
        // MQTTメッセージ生成
        message = new Paho.MQTT.Message(msg);
        // トピックの指定
        message.destinationName = topic;
        // 送信
        client.send(message);
```

```
    // statusDiv.html('I sent: ' + message.payloadString);
  }
}
```

　htmlファイルとjsファイルの2つが用意できたら、使い慣れているwebプロバイダ（レンタルサーバー）にアップロードして、自分のブラウザからhtmlファイルのほうを開いてください。

　4行のメッセージからなるwebページが表示されます。最初の行には「Click anywhere to send a fistbump」（クリックしてグータッチを送ろう）と書かれています。このページをクリックするとサーボモーターが動くのが見えるはずです。

　正常に動作するようになったら、世界中の友達にこのURLを教えてあげましょう。グータッチが返ってきます。

---

†　訳注：クリックしてグータッチを実行すると、1回だけうまくいって、その直後にArduino側クライアントとshiftr.ioの間の接続が切れることがありました。再接続できずエラーコード"-2"が連続するという症状で、こうなるとArduinoボードの再起動が必要でした。このエラーはブラウザ側で瞬間的なマウスクリックをおこなったときに発生しやすく、遅いクリック（マウスボタンを押したらしばらくそのまま押し続けて、数秒待ってからボタンを離す）ならば発生しないようです。メッセージ送信の頻度が接続に影響するということでしょうか。なお、訳者が試したshiftr.io以外のパブリックブローカーではこの症状に遭遇しませんでした。

11 トラブルシューティング
Troubleshooting

実験をしていると、うまくいかない時がかならずやってきます。解決方法は自分で見つけ出さなくてはなりません。トラブルシューティングとデバッギングは古くから伝わる技芸であり、そこにはシンプルなルールがいくつかあります。ただし、多くの経験を積むことこそが結果につながります。

　エレクトロニクスとArduinoに触れる時間を積み重ねるうちに、あなたは学び、経験を増やして、ついには楽々と扱えるようになるはずです。問題にぶつかっても、くじけてはいけません。分かってみれば案外かんたん、ということが多いものです。

　Arduinoを使うプロジェクトはハードウェアとソフトウェアの両方からできているので、うまくいかないときはたいてい2カ所以上を調べることになります。バグを探すときは次の方針に沿って進んでみましょう。

理解する

　あなたの使っているパーツがどのように働き、最終的にプロジェクトのなかでどのような役目を担うのかを、最大限に理解するよう心がけてください。そうすれば、それぞれのパーツを1つずつテストする方法が見つかるでしょう。

単純化と分割

　「分割して統治せよ (divide et impera)」は古代ローマの言葉です。理解可能な大きさになるまでプロジェクトを (頭のなかで) 分解して、それぞれのコンポーネントの責任範囲を明確にします。

除外と確認

　調査の過程では、コンポーネントを1つ1つ個別にテストして、正常に動作していることを確認します。プロジェクトのどの部分が本来の仕事をしていて、どの部分が怪しいかを少しずつ見極めていきます。

　「デバッギング」はおもにソフトウェアに対して使われる言葉ですが、伝説によると、1940年代の機械式コンピュータに本当の虫が侵入してどこかに詰まり、計算が止まってしまったことが由来のようです。

　今日のバグの多くは物理的なものではなく、少なくとも部分的にはバーチャルで目に見えません。そのため、時として、発見までに長く退屈な作業が必要となります。

131

Arduinoボードのテスト

いきなり複雑な回路に挑戦するのではなく、すぐに結果がわかる基本的な事柄から確認していきましょう。まず最初はArduinoボードに載っているLEDを光らせることをおすすめします。ボードとIDEが正しく動作しているか、そしてスケッチを正常に書き込めるかを確認できます。作ったスケッチが動かないときも、いったんブレッドボードをはずして、Arduinoボード単体でLEDをチカチカさせてみるといいかもしれません。

テストに使うスケッチはIDEの「Example（スケッチの例）」に収録されているBlinkがいいでしょう。一番基本となるスケッチです。

それではもしBlinkが動作しなかったら？

旅客機のパイロットは、離陸前に点検のためチェックリストを読み上げます。そんなふうにいくつかの事項を順を追って確認すべきです。

ArduinoボードをコンピュータのUSBポートに接続したら、次のことを確認してください。

- ボード上のONというラベルのLEDは光っていますか？　LEDの光が弱いときは、電源まわりに何か異常があります。USBまたはACアダプタなどの外部電源がしっかり接続されていることを確認しましょう。

  PCにつないだUSBから電源をとっている場合は、そのPCの電源が入っていることを確かめてください（馬鹿げて聞こえるかもしれませんが、ありえる話です）。電源は正常なのに動かないというときはUSBケーブルを取り替えてみてください。それでも解決しないときは、別のUSBポートを試すか、別のPCを用意することになります。

  外部電源を使っている場合はそれがコンセントにつながっていることを確認しましょう。ACアダプタの電圧は7V以上12V以下でなくてはいけません。プラグの形状も確認してください。2.1mmセンタープラスという仕様です。

- 新品のArduinoボードにはあらかじめテスト用のプログラムが書き込まれていて、Blinkサンプルを書き込まなくても、Lの印がついている黄色いLEDが点滅します。自分でBlinkを書き込んで試すときは、delay(1000)の部分をdelay(100)に変更するなどして、明らかに違う点滅間隔で試すとわかりやすいです。

- アップロードに失敗した場合、まず検証(Verify)ボタンをクリックしてプログラムにエラーがないことを確認します。

  まれに理由なくアップロードに失敗し、もう一度試すと成功することがあります。

  「ツール」メニューで適切なボードを選択したことを確認してください。いろいろなArduinoボードを使っている人は選択したボードが本当に接続したボードかどうか確認しましょう。

  「ツール」メニューのポートが正しく選択されていることを確認します。何かの拍子にArduinoを抜いてしまった場合、違うポートが選択されることがあります。いったんArduinoを抜いて、もう一度挿し直す必要がある場合もあります。ポートを選び直すときは、メニューを一度閉じてから、改めて正しいポートを選択してください。

  USBケーブルの品質が悪いと、Arduinoボードを見つけられないことがあります。

Arduinoのポートがポートリストに表示されない場合は、良さそうなUSBケーブルに変更してみてください[†]。

上記のステップがすべて大丈夫ならば、Arduinoボードは正常に動作しています。

ブレッドボード上の回路をテスト

次はArduinoボードとブレッドボードをつないでのテストです。

Arduinoの5VとGNDから、ブレッドボードのプラス側とマイナス側のレールへ配線したときに、緑のPWR LEDが消えるようならば、ただちにすべての配線を外してください。これはあなたが重大なミスを犯し、どこかが「ショート」したことを意味しています。ショートが生じると、回路は過大な電流を引きだそうとするので、コンピュータを守るために電源を切断する必要があります。

回路をショートさせてしまったら、「単純化と分割」プロセスの始まりです。

最初にチェックすべきなのはいつでも電源（5VとGNDの接続）で、回路の各部に正しく電力が供給されていることをまず確認しましょう。ブレッドボード上で発生するミスで、最も可能性が高いのは、ジャンパーの位置のズレです。その他の原因としては、抵抗の値が小さすぎる（カラーコードの読み間違い）、スイッチが5VとGNDをまたいでいる（スイッチオンでショート）、極性のある部品の向きが違う、被覆のない電線（たとえばコンデンサやトランジスタの足）が触れ合っている、といったあたりが考えられます。

問題解決のためのルールその1は「変更は一度に一カ所だけ」です。私は若いころ、このルールを師であり最初の雇い主だったマウリッツィオ・ピローラ（Maurizio Pirola）教授からたたき込まれました。いまでもよくあることですが、デバッグがうまくいかないときは、先生のこの言葉が頭に浮かんできて、そのとおりにすると何でも解決してしまうのです。

変更を加えることで問題が解決するからこそ、このルールが重要となります（どの修正が問題を解決したのかが分からないと、真の解決にはならないわけです）。

デバッギングの経験1つ1つが、問題と解決策の「ナレッジベース」となってあなたの頭のなかに蓄積されます。気が付いたころにはエキスパートになっているでしょう。初心者が「動かない！」と言うや否や、瞬時に答を授けることができるあなたは、とてもクールな人物と見なされるようになるはずです。

[†] 訳注：電源ケーブルとしては機能するけれど、書き込み（データ通信）ができないUSBケーブルに遭遇したことが数回あります。

ほとんどのコンピュータは高速に反応する過電流保護機能を持っているので、そう心配はいりません。また、Arduinoボードは「ポリヒューズ」と呼ばれる過電流保護素子を備えています。この素子は障害が解決するとリセットされます。

それでもまだ心配ならば、Arduinoボードを常にセルフパワードなUSBハブだけに接続してください。そうすれば、ひどい失敗をしても、壊れるのはハブだけでコンピュータは無事です。

問題を切り分ける

ランダムなタイミングでおかしなふるまいをする回路から、問題が起こる正確な瞬間とその原因を見つけ出すのは困難です。

問題を再現する確かな方法を見つけることが、もう1つの重要なルールといえます。

再現できれば、原因について考えたり、起きていることを誰か他の人に説明することができるようになります。

言葉を使って問題を詳しく描写するのも、解決策を見つける良い方法です。相手は誰でもいいので、問題点を説明してみましょう。多くの場合、話をしている途中で解決策が頭に浮かんできます。

ブライアン・W・カーニハンとロブ・パイクの著書『プログラミング作法』(アスキー) では、ある大学の事例が語られています。「ヘルプデスクのそばにはクマのぬいぐるみがあった。不思議なバグに悩まされている学生は人間のカウンセラーに相談する前に、そのクマに説明しなくてはいけなかった」。

Windows用ドライバの自動インストールに失敗したとき

新しいハードウェアを接続したときにドライバを自動的にインストールするはずのウィザードが正常に機能しないことがあります。そうなった場合は、手動でドライバを指定してください。

ウィザードが最初に表示する「ソフトウェア検索のためにWindows Updateに接続するか」という問いには「いいえ」を選択します。次のページでは、「一覧または特定の場所からインストール」を選びます。そうしたら、IDEと同じフォルダにあるdriversフォルダを指定してください[†]。

---

† 訳注：訳者の環境では、「PC」→「Windows(C:)」→「Program Files(x86)」→「Arduino」→「Drivers」でした。

Windows版Arduino IDEで起こるかもしれない問題

　フォルダ内のArduinoアイコンをダブルクリックしてもIDEが立ち上がらないときは、arduino.exeをダブルクリックしてください。

　Windowsユーザーは、Arduinoが接続されているCOMポートの番号が10以上に割り当てられているとき、問題に遭遇する可能性があります。その場合、もっと小さい番号になるよう、Windowsを設定する必要があります。

　まず、デバイスマネージャーを開きます。スタートボタンから「コントロールパネル」、「システムとメンテナンス」、「デバイスマネージャ」の順にクリックするのが1つの方法です。Windows8では画面右下隅をポイントすると現れる検索チャームで「デバイスマネージャー」を検索するとアイコンが現れるはずです。

　デバイスのリストが現れたら、「ポート（COMとLPT）」という項目の下を見て、COM9以下のシリアルポートを探してください。見つけたら、そのアイコンをダブルクリックしてプロパティを開き、「Port Settings」タブの「Advanced...」ボタンをクリックします。ここで、ポート番号を10以上に変更します。次にまた「ポート（COMとLPT）」の下の階層で「USBSerialPort」を探してください。これがArduinoが接続されているポートです。このポートの番号を先ほどと同じ手順でCOM9以下に変更します。

　これでArduinoボードがそのCOMポート番号で認識されます。Arduino IDEでそのポートを指定しましょう。

WindowsでArduinoが接続されている
COMポート番号を調べる方法

　まずUSBケーブルでArduino Unoとあなたのパソコンをつないでください。

　次にWindowsのデバイスマネージャーを開きます。接続中のArduinoボードは「ポート(COM と LPT)」の中に表示されます。図9-1ではCOM7としてArduino Unoが認識されているのがわかります。

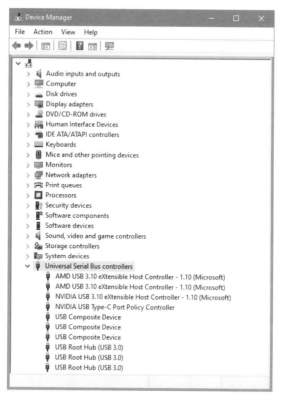

図11-1 Windows のデバイスマネージャーで表示される使用可能なシリアルポート

その他のデバッギングテクニック

- 自分のプロジェクトを他の人に見てもらうときは、自分の意図したことを相手に伝えるのではなく、自分が作成した回路図が正しく実装されているかどうかを確認してもらいましょう。回路図がないときは作成しましょう。それにより自分の間違いに気づくこともあります。

- 「分割統治」はスケッチにも有効です。スケッチのコピーを保存し（バックアップです）、当面関係のない部分を少しずつ削除しましょう。削除していくうちに動き始めたら、削除した部分との相互作用が原因かもしれません。もしこれで問題が解決しなくても、最小限のコードだけからなるテストプログラムが手に入ります。

- あなたのプロジェクトにセンサーやスイッチがある場合は、最も基本的なスケッチでそれぞれ個別にテストしてください。「ファイル」メニュー→「スケッチ例」→「01.Basics」にある、AnalogReadSerial、DigitalReadSerial、AnalogReadSerial、DigitalReadSerialといったスケッチが参考になるでしょう。

- あなたのプロジェクトにアクチュエーターがある場合も、最も基本的なスケッチで個別にテストしてください。スケッチ例の`Blink`や`Fade`が参考になるでしょう。また、不調なアクチュエーターをいったんはずして LED に置き換えて挙動を確認するのもひとつの方法です。
- If 文や switch case 文などの条件分岐をテストするときは、意図した方向に処理が進むかを見ます。簡易的な方法のひとつは、分岐の前後に`Serial.println()`を挿入し、変数の値や処理している位置などを表示することです。この方法はループに対しても有効です。
- ライブラリを使用している場合は、付属のサンプルが正しく動作することをまず確認しましょう。

　ここにあげたアドバイスだけでは足りないようなら、https://www.arduino.cc/en/Guide/Troubleshooting も参照してください。

オンラインヘルプ

　行き詰まってしまったら、何日も1人で悩んだりせず、助けを求めましょう。Arduino の良いところの1つは、そのコミュニティです。あなたが問題をうまく説明できるなら、きっと誰かが助けてくれます。

　疑問を持ったときはサーチエンジンにカットアンドペーストして他の人の議論を読む習慣を付けましょう。たとえば、Arduino IDE が意地悪なエラーを吐き出したら、それを Google にペーストして表示されるページを読んでみます。書きかけのコードをそうやって調べることもできます。あらゆることがすでに発見されていて、どこかのウェブページに保存されています。

　もっと深く調べたいときは、www.arduino.cc の FAQ（www.arduino.cc/en/Main/FAQ）からスタートして、wiki ベースのユーザ参加型ドキュメンテーションである playground（www.arduino.cc/playground）へ進むといいでしょう。オープンソース哲学が結実したこの空間には、Arduino で可能なあらゆることに関する資料が寄稿されています。作品を作りはじめる前に playground を検索すれば、出発点となるコードや回路図が手に入るはずです。

　それでもまだ答が見つからないようなら、フォーラム（www.arduino.cc/cgi-bin/yabb2/YaBB.pl）に質問を投稿してみましょう。適切なエリアと言語を選んで、なるべく詳しく説明してください。

- どの Arduino ボードを使っているか。
- どの OS で Arduino IDE を実行しているか。
- あなたがやろうとしていることの概略。
- 特殊な部品を使っているときはそのデータシートへのリンク。

　筋道立てて質問することができれば、役立つ答えがいくつももらえるはずです。

　さらに次のような点に注意すれば、良い議論に発展する可能性が増します（これは Arduino に限らず、オンラインの議論全般に通用することです）。

137

- メッセージをすべて大文字でタイプするのはやめる（他の人をいらだたせるだけです）。
- フォーラムのあちこちに同じメッセージを投稿しない。
- 返事がないからといって文句を言わず、まず自分の質問を見直すこと（説明が足りているか、表題は明快か、礼儀正しいか）。
- 「Arduinoでスペースシャトルを作りたいのですがどうすればいいですか?」というような質問は避ける（作ろうとしているものを説明してから、的を絞って質問しましょう）。
- 宿題を人にやらせるような類の質問はしない（先生も読んでいるかもしれません）。

電子回路を開発する過程では、正しく動くまで何度も変更を加える必要があります。繰り返し手を加えることで、アイデアを形にし、デザインを磨いていきます。より安定して動く、部品数の少ない設計も繰り返しの過程から見つかることでしょう。それはスケッチを描くのに似たプロセスです。

速く安全に部品のつながりを変更できる機材があると理想的です。ハンダ付けは信頼性の点で優れているのですが、作業に時間がかかります。

この課題に対する解答のひとつはソルダーレスブレッドボードあるいはたんにブレッドボードと呼ばれるデバイスでしょう。ブレッドボードは穴がたくさん開いた小さな板で、1つ1つの穴の下にはバネ式の接点が入っています（図A-1）。部品の足をこの穴に押し込むと、同じ列の他の穴と電気的な接続が確立されます。

穴と穴の間隔は2.54mmです。これは電子部品のピンの標準的な間隔と同じで、複数の足を持つICチップもうまくフィットします。ブレッドボード上の接点はすべて同じ役割でしょうか？ 一番上と一番下の列（赤と青の色分け、または+と−の印があるかもしれません）は水平方向に全部がつながっていて、ボードに電力を供給するために使われます。

 一部のブレッドボードは両端の長いレールが真ん中で途切れています。端から端までつながっている電源ラインとして使いたい場合は、短いジャンパで途中を連結する必要があります。

ユーザーはジャンパと呼ばれる短い電線で2点間を接続しながら回路を組み立てていきます。コンデンサや抵抗器のように長いリード線が出ている部品は、リード線を折り曲げて離れた2点に差し込むことができます。ブレッドボードの真ん中にある隙間も重要な意味を持っていて、その間隔は小型のICチップの幅と同じになっています。この隙間をまたぐようにチップを挿せば、ショートさせることなく、チップの両側に回路を組むことができます。賢い仕組みですね。

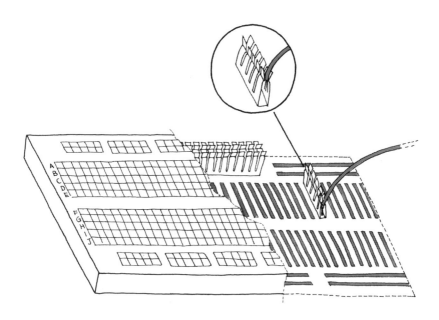

図A-1 ブレッドボード

［付録B］抵抗器とコンデンサの値の読み方

Appendix B / Reading Resistors and Capacitors

　電子部品を使うためには、その部品を見て仕様を読み取る能力が必要です。初心者にとっては難関となるかもしれません。

　お店で売られている抵抗器は円筒状のボディから2本の足が突き出ていて、おかしな色のマーキングがされています。商品としての抵抗器が最初に作られたとき、ボディが小さすぎて数字を印刷することができなかったため、頭のいい技術者が色分けされた帯をプリントすることで抵抗値を表現することにしたのです。

　今日の初心者もこの色分けを理解する必要があります。仕組みは簡単で、通常は4本の帯1本1本が数字を表していて、そのうちの1本はたいてい精度を表す金色になっています（銀色の場合もあります）。抵抗値を読むときは、金色の帯が右端に来るように持ち、左から順番に色を数字に換えていきます。

　次の表は色と数字の対応をまとめたものです。

色	値	
黒	0	
茶	1	
赤	2	
オレンジ	3	
黄	4	
緑	5	
青	6	
紫	7	
灰	8	
白	9	
銀	10%	
金	5%	

　たとえば、茶、黒、オレンジ、金という並びだとしたら、103±5%と読めます。でも、これではまだ意味がわかりませんね。実は3本目の帯がゼロの数を表しています。103ならば、10の後ろにゼロが3個ついている、と考えてください。つまり、10000Ω（オーム）±5%の抵抗器という意味です。

ギークは短縮形を好むので、キロオーム、メガオームという単位をよく使い、10,000オームならば10KΩ、10,000,000オームなら10MΩと表記します。回路図のなかではさらに短縮して、4.7キロオームを4k7と書くこともあります[†]。

コンデンサ（キャパシタ）の値の読み方はもう少し簡単です。電解コンデンサのような樽型の部品は、値がそのまま印刷されています。コンデンサの値の単位はファラド（F）で、あなたがよく使うコンデンサはマイクロファラド（μF）単位で測れるものでしょう。ラベルに100μFと書いてあったら、そのまま100マイクロファラドと読みます。

セラミックコンデンサのような円盤形のコンデンサの場合は、μのような単位の記号は印刷されていません。かわりに、ピコファラド（pF）単位の値が3桁の数字で示されます。1,000,000pFが1μFです。この3桁の数字の読み方は抵抗に似ていて、3桁目の数字が1〜2桁目の数字の後ろに並ぶゼロの数を表しています。ただし、ゼロの数をそのまま表すのは3桁目が0〜5のときだけで、8の場合は最初の2桁を0.01倍、9の場合は0.1倍にします。6と7は使われません。

例を挙げましょう。104と印刷されていたら100,000pF、つまり0.1μFです。229ならば2.2pFとなります。

単位の話の最後に、エレクトロニクス分野でよく使われる、大きさを表す用語（接頭語）を整理しておきます[‡]。

接頭語	値	例
M（メガ）	$10^{\wedge}6$ = 1,000,000	1,200,000Ω = 1.2 MΩ
K（キロ）	$10^{\wedge}3$ = 1,000	470,000Ω = 470 KΩ
m（ミリ）	$10^{\wedge}{-3}$ = 0.001	0.01 A = 10 mA
μ（マイクロ）	$10^{\wedge}{-6}$ = 0.000001	4.7mA = 4700μA
n（ナノ）	$10^{\wedge}{-9}$	10μF = 10,000nF
p（ピコ）	$10^{\wedge}{-12}$	1μF = 1,000,000pF

---

† 訳注：本書では使わない表記ですが、お店で買った抵抗器の袋にこの形式で印刷されていることがあります。
‡ 訳注：英語圏の資料では、Ωやμの代わりに、ohmとuが使われることがあり、Arduino関連のドキュメントでもよく登場します。10uFは10μFと同じです。

［付録C］回路図の読み方

Appendix C / Reading Schematic Diagrams

　本書には回路の組み立て方を説明するために細部まで描かれたイラストレーションが載っていますが、自分の作品の資料を作るときにもこのような絵を書いていたら大変です。

　どんな分野でも、遅かれ早かれ同じような問題に遭遇します。たとえば音楽の場合は、楽譜が書けないと、せっかくいい音楽を作っても残すことができません。

　実用第一なエレクトロニクス技術者は、資料化して再利用するために、あるいは、他者に渡して見てもらうために、回路の要点を捉える手っ取り早い方法を開発しました。

　回路図を使えば、コミュニティ全体が理解できる形で回路を記述できます。回路図上の個々の部品は外形や機能を抽象化したシンボルで表わされます。たとえば、コンデンサは（単純化すると）向かい合う2枚の金属板でできているので、次のようなシンボルになっています。

別のわかりやすい例がインダクタ（コイル）でしょう。円筒形の物体に銅線が巻かれています。

部品同士をつなぐ電線やプリント基板上の配線は単純な線で表されます。2本の配線が接続されているときは、大きめの点が十字の上に置かれます。

基本的な回路図を理解する上で必要となるシンボルとその意味をまとめておきます。

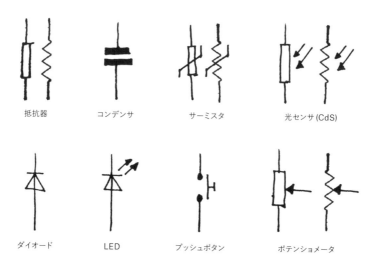

| 抵抗器 | コンデンサ | サーミスタ | 光センサ (CdS) |

| ダイオード | LED | プッシュボタン | ポテンショメータ |

あなたはこれらのシンボルの変化形に出会うかもしれません。たとえば、上に示したように、抵抗器には2種類のシンボルがあります。en.wikipedia.org/wiki/Electronic_symbol（日本語版は ja.wikipedia.org/wiki/ 電気部品図記号）を見ると、より詳細なリストがあります。

回路図は左から右へ描かれるのが慣例です。たとえば、ラジオの回路図は、左端のアンテナから右端のスピーカへ信号の通り道を追うように描かれるでしょう。

次の回路図はこの本で作例として示したプッシュボタン回路を記述したものです。

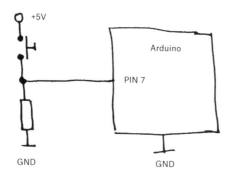

この図の Arduino は簡略化され、ただの箱として描かれています。この回路で使われない7番以外の入出力ピンも省略されています。GND が2カ所にあり、離ればなれになっていますが、実際の回路ではつながっています。図上の GND はすべて Arduino ボードの GND ピンにつながっていると解釈してください。

［付録D］Arduinoファミリー

Appendix D / The Arduino Family

　定番のArduinoボードといえば、やはりArduino Unoですが、Arduinoチームは長年に渡りさまざまな形や機能を持つボードのファミリーを作り上げてきました。ここでは、その主な製品群と特徴について説明します。

　Arduino Unoは非常に堅牢で壊れにくく、互換性のあるシールドやライブラリがたくさんあります。学習やプロトタイピングに最適で、今でも初学者におすすめのボードと言えるでしょう。しかし、弱点もあります。それはUnoが搭載する8ビットマイコンの限界によるものです。

　Unoが登場するとすぐに、もっと多くの入出力が欲しいという声がユーザーからあがりました。そうした要望を受けて誕生したのがArduino Megaです。MegaはUnoより多くの入出力とメモリを必要とする3Dプリンターのような機器の「マザーボード」として、かなり普及しました。

　皆のプロトタイピングが進歩するにつれ、より小型のボードが求められるようになりました。そこで登場したのがArduino Nanoです。最初のNanoは、Unoのフォーマットを縮小して、ブレッドボードに直接挿したり、小型の携帯デバイスに組み込んで使用できるよう設計されました。初期のNanoにはUnoと同じ制限があるので、新しいプロジェクトにはArduino Nano Everyを推奨します。この製品は、より強力な8ビットマイコン（AVRマイコンの最新世代）を搭載し、既存の8ビットコードのほぼすべてと互換性を保ちながら、より多くのSRAM（3倍）、FLASHメモリ（1.5倍）、計算能力（クロック1.25倍）を備えています。Everyのもうひとつの特徴は、すべてのパーツが基板の片面にマウントされているので、ピンヘッダーを介することなく、他のプリント基板に直接ハンダ付けできることです。また、Nanoファミリーの中では安価な部類に入るので、予算も立てやすいでしょう。

　Nanoの系譜から分岐して生まれたのが、32ビットプロセッサを搭載したNano 33 IoTです。高速なARMプロセッサとWi-Fi/Bluetoothモジュールの組み合わせにより、コネクテッド・プロジェクトを簡単に構築できます。また、Arduino 33 Nano BLE Senseは、センサーを満載した強力なBluetoothボードで、マイコンで人工知能アルゴリズムを実行する人々に人気があります。

　モノのインターネット（IoT）は人気のトピックです。メイカーたちが堅牢なコネクテッド・デバイスをより簡単に構築できるよう各種のデバイスを備えた32ビットARMボードがMKRファミリーです。WiFi、GSM、LoRA、NB-IoTなど、さまざまな接続手段に対応しています。これらのボードはバッテリーでも動作するように設計されており、プロセッサの低消費電力モードを利用するためのソフトウェアライブラリとLiPOバッテリーチャージャーを提供します。また、暗号チップを搭載していて、認証や通信のセキュリティを向上させるために利用できます。

最後に紹介するファミリーはPortentaです。このシリーズはプロフェッショナル向けで、最もパワフルなArduinoボードと言えるでしょう。Cortex M7とCortex M4のデュアルコアプロセッサーを搭載し、コンピュータビジョンのような複雑なソフトウェアを実行することができます。初心者には少しハードルが高いかもしれませんが、産業用の高度なプロジェクトを作ろうとするなら、Portentaが必要な力を与えてくれるでしょう。

最後に、Arduinoが設計し販売するハードウェアの90%以上は、現在でもイタリアで製造されており、高い品質と信頼性を誇っています。Arduinoを応援したい、そして期待を裏切らない製品が欲しいという方は、ぜひオリジナルを購入してください。オリジナルを持つことはクールです。

Arduinoのクローン、派生品、互換品、模倣品

前述のファミリーは公式ボードです。Arduinoはオープンソースなので、他にも互換ボードがあり、次のように分類できるでしょう。

・模倣品

Arduinoはオープンソースですが、その名称は商標として保護されています。"Arduino"というブランド名を製品に付けたい場合は、Arduinoからライセンスを受けなければなりません。残念なことに、Arduinoのオリジナル製品に見せかけたハードウェアを製造する不謹慎な人たちがたくさんいます。私たちはこのような人たちを追及するために多くの時間とエネルギーを費やしています。あなたが購入する製品がオリジナルであることを確認してください。ブランドを偽ることは窃盗と同じで、クールとは言えません。

・互換品

ここで言う互換品とは既存のArduinoボードをそのまま模倣するのではなく、公式ボードには採用されていないプロセッサを使用するなどして、Arduinoファミリーと互換性を維持しながら異なるレベルのソフトウェアとハードウェアを提供しているものです。たとえば、Paul StoffregenによるTeensyボードは、異なるタイプのプロセッサを使用しながらも、Arduinoとソフトウェア的に互換性があります。Paulは互換性を確保するためにArduinoチームと協力し貢献しています。

・クローン

Arduinoがオンラインで公開しているファイルを使用して、何の修正も加えずに製造されたボードです。これらのデバイスの製造元は、通常、コミュニティやArduinoに何も還元しません。多くは品質にばらつきのあるノーブランド品で、非常に安価ですが、うまく動作しないボードやトラブルが発生するボードが少なくありません。ハードウェアで節約した分、発生した問題を解決するために自分の時間を費やすことになるかもしれないので、購入する際は注意してください。

・**派生品**

　Arduinoボードのオリジナルデザインから派生したデバイスで、異なる部品構成や強化された機能を提供します。多くの場合、設計はオリジナルのボードと同様にオープンソースとして公開されています。これらのデバイスのメーカーはArduinoのコミュニティに様々な形で貢献しています。この分野の人気メーカーは、Adafruit、Sparkfun、Seeedstudioなどです。

Arduino
公式リファレンス

Arduino Reference

Arduino
公式リファレンス
目次

151

Arduino言語

Arduino言語はC/C++をベースにしており、C言語のすべての構造と、いくつかのC++の機能をサポートしています。また、AVR Libcにリンクされていて、その関数を利用できます。

ᴑ setup( )

setup() はArduinoボードの電源を入れたときやリセットしたときに、一度だけ実行されます。変数やピンモードの初期化、ライブラリの準備などに使ってください。setup() は省略できません。

[**例**] シリアル通信とピンモードを初期化する例です。

```
int buttonPin = 3;

void setup() {
  beginSerial(9600);
  pinMode(buttonPin, INPUT);
}

void loop() {
  // 実行したいプログラム
}
```

ᴑ loop( )

setup() で初期値を設定したら、loop() に実行したいプログラムを書きます。そのプログラムによってArduinoボードの動きをコントロールします。loopという名前のとおり、この部分は繰り返し実行されます。loop() は省略できません。

[**例**] ピンの状態を読み取って、HIGHのときはH、そうでない場合はLをシリアルで送信します。

```
int buttonPin = 3;

// ピンとシリアル通信の初期化
void setup() {
```

```
  beginSerial(9600);
  pinMode(buttonPin, INPUT);
}

// buttonPinを繰り返しチェックして、
// その状態をシリアルで送信する
void loop() {
  if (digitalRead(buttonPin) == HIGH) {
    serialWrite('H');
  } else {
    serialWrite('L');
  }
  delay(1000);
}
```

制御文

....

⋑ if

if文は与えられた条件が満たされているかどうかをテストします。たとえば次のif文は、変数someVariableが50より大きいかをテストし、大きければ続く波カッコのなかの文を実行します。

```
if (someVariable > 50) {
  // 条件を満たしたとき実行される文
}
```

別の言い方をすると、カッコ内の条件がtrueのとき、波カッコ { } 内の文が実行されます。
条件が満たされていない（trueでない）とき、波カッコ内の文は実行されず次の処理に移ります。
if文の後の波カッコは省略されることがあります。その場合はif文の次に置かれた1つの文だけが実行されます。以下の3つの書き方はどれも同じ動作です。

```
if (x > 120) digitalWrite(LEDpin, HIGH);

if (x > 120)
  digitalWrite(LEDpin, HIGH);
```

```
if (x > 120) { digitalWrite(LEDpin, HIGH); }
```

カッコ内の条件式では、1つあるいは複数の演算子（オペレータ）が使われます。

[演算子の例]

```
x == y    (xとyは等しい)
x != y    (xとyは等しくない)
x < y     (xはyより小さい)
x > y     (xはyより大きい)
x <= y    (xはy以下)
x >= y    (xはy以上)
```

[注意] 2つの等号（==）を書くはずのところで、誤って1つだけ（=）を書かないようにしましょう。たとえば、xが10に等しいかをテストしたいときはx == 10と書きますが、そこでx = 10と書いてしまうと、xの値に関わらずその式はtrueと判断されてしまいます。

1つだけの=は、xにyを代入するという意味です。if文においてはそれだけでなく、代入した値が評価されます。つまり、x = 10は10であると見なされ、10はゼロではないので、trueと判断されます。

⊃ if else

if else文を使うと複数のテストをまとめることができ、単体のifより高度な制御が可能となります。

次の例は、アナログ入力の値が500より小さいときと、500以上のときに分けて、それぞれ別の動作を行うものです。

```
if (pinFiveInput < 500) {
  // 動作A
} else {
  // 動作B
}
```

elseに続けてifを書くことで、さらに複数のテストを書くことができます。

```
if (pinFiveInput < 500) {
  // 動作A
} else if (pinFiveInput >= 1000) {
  // 動作B
} else {
```

155

```
    // 動作C
  }
```

trueとなるif文にぶつかるまで、テストは続きます。trueとなったif文の波カッコ内が実行されると、そのif else文全体が終了します。trueとなるif文がひとつもない場合は、（ifの付いていない）else文が実行されます。

else ifを使った分岐は好きなだけ繰り返して構いません。

似たことを実現する別の方法として、switch case文があります。

● switch case

switch case文はif文と同じようにプログラムの制御に使われ、場合分けの記述に適しています。switch()で指定された変数が、それぞれのcaseと一致するかテストされ、一致したcaseの文が実行されます。

[**例**] 変数varがテストしたい変数です。その値がどれかのcaseに一致すると、それに続く文が実行されます。default:は、どのcaseにも一致しなかったときに実行されます。処理が終わったら、breakを使ってswitch文から抜け出す必要があります。breakがないとそのまま続けて次のcaseが実行されてしまいます。

```
switch (var) {
  case 1:
    // varが1のとき実行される
    break;
  case 2:
    // varが2のとき実行される
    break;
  default:
    // どのcaseにも一致しなかったとき実行される（defaultは省略可能）
}
```

● for

for文は波カッコに囲まれたブロックを繰り返し実行します。さまざまな繰り返し処理に活用でき、データやピンの配列と組み合わせて使われることがあります。カッコ内の3つの式で振る舞いを決定します。

```
for (初期化; 条件式; 加算) {
```

```
    // 実行される文 ;
  }
```

まず初期化が一度だけ行われます。処理が繰り返されるたびに、条件式がテストされ、trueならば加算と波カッコ内の処理が実行されます。次に条件式がテストされたときにfalseならば、そこでループは終了します。

[**例**] LEDをぽわんぽわんと明滅させるサンプル。forループの中で、PWMのパラメータを0から255まで1ずつ上げている。

```
int PWMpin = 10; // LEDを10番ピンに1KΩの抵抗を直列にして接続

void setup() {
  // 初期化不要
}

void loop() {
  for (int i=0; i <= 255; i++){
    analogWrite(PWMpin, i);
    delay(10);
  }
}
```

↻ while

whileは繰り返しの処理に使います。カッコ内の式がfalseになるまで、処理は無限に繰り返されます。条件式で使われる変数は、whileループの中で、値を加えるとかセンサの値を読むといった処理により変化する必要があります。そうしないと、ループから抜け出すことができません。

[**構文**]
```
while(条件式){
  // 実行される文
}
```

[**例**] 単純な繰り返しの例です。

```
var = 0;
while(var < 200){
  // この部分が200回繰り返される
```

```
    var++;
  }
```

➔ do while

do文はwhile文と同じ方法で使えますが、条件のテストがループの最後に行われる点が異なります。これは、do文の場合かならず1回はループ内の処理が実行されることを意味します。

［構文］
```
  do {
    // 実行される文
  } while (条件式);
```

［例］センサからの値が100以上になるまで待ちます。

```
  do {
    delay(50); // センサが安定するまで停止
    x = readSensors();
  } while (x < 100);
```

➔ break

break文はfor、while、doなどのループから、通常の条件判定をバイパスして抜け出すときに使います。switch文においても使用されます。

［例］PWM出力を変化させるループの途中で、センサの値が閾値を超えたら処理を中断します。

```
  for (x = 0; x <= 255; x++) {
    analogWrite(PWMpin, x);
    sens = analogRead(sensorPin);
    if (sens > threshold) {    // 閾値を超えたか?
      x = 0;
      break;
    }
    delay(50);
  }
```

➌ continue

continue文は、for、while、doなどのループの途中で、処理をスキップしたいときに使います。ループは止めず、繰り返し条件の判定に移ります。

［例］41から119までを除く範囲でPWMを変化させます。

```
for (x = 0; x <= 255; x++) {
  if (x > 40 && x < 120) {
    continue;
  }
  analogWrite(PWMpin, x);
  delay(50);
}
```

➌ return

関数の実行を中止して、呼び出し元の関数に処理を戻します。

［構文］
```
return;
return 値;
```

［例］センサからの読みが閾値を超えていたら1を、超えていなければ0を返す関数です。

```
int checkSensor() {
  if (analogRead(0) > 400) {
    return 1;
  } else {
    return 0;
  }
}
```

return文は「コメントアウト」を使わずに、コードの一部をテストしたいときにも便利です。

```
void loop(){
  // ブリリアントなアイデアをここで試す
  return;
```

159

```
  // ここはまだできあがっていないコード
  // このコードは実行されない
}
```

➔ goto

プログラムの流れを、ラベルをつけたポイントへ移します。

[構文]
```
  label:
  goto label;  // ラベルの位置からプログラムの実行を続けます
```

[**TIPS**] C プログラミングで goto を使うことは薦められていません。C 言語の本の著者のなかには、goto 文はまったく不要であるとする人もいます。多くのプログラマが goto の使用に対して眉をひそめるのは、流れが読み取れないプログラムになりがちだからです。そうしたプログラムはデバッグできません。

しかし、分別ある使い方をするならば、goto はプログラムを扱いやすくシンプルにしてくれます。たとえば、深くネストしたループやブロックから、ある条件で抜け出したいときに有効です。

[**例**] 3重の for ループから goto を使って抜け出す例です。

```
for(byte r = 0; r < 255; r++){
  for(byte g = 255; g > -1; g--){
    for(byte b = 0; b < 255; b++){
      if (analogRead(0) > 250){ goto bailout;}
      // 処理
    }
  }
}
bailout:
```

基本的な文法

● ;（セミコロン）

文末に用います。

［例］

```
int a = 13;
```

[**TIPS**] 文末のセミコロンを忘れると、コンパイラのエラーを引き起こします。そのときのエラーメッセージは、セミコロンの抜けを明確に示すかもしれませんが、セミコロンとは関係のないメッセージであることもあります。

一見筋の通らない不可解なエラーが発生したときは、まず最初に、コンパイラが示したエラーのすぐ近くでセミコロンを忘れていないかを確かめましょう。

● { }（波カッコ）

波カッコ（ブレース）はC言語プログラミングの重要な要素です。波カッコは下に示すように、複数の異なった状況で使われ、ときに初心者を混乱させます。

開きカッコ「{」は、つねに閉じカッコ「}」を伴います。これを「カッコがバランスしている」といいます。Arduino IDE（統合開発環境）は波カッコのバランスをチェックする便利な機能を持っていて、ある波カッコをクリックすると、対になる波カッコがハイライト表示されます。

波カッコの使い方はさまざまです。波カッコを必要とするプログラムを書くとき、開きカッコ { を入力したら、すぐ閉じカッコ } も入力するようにするのは良い習慣です。先に波カッコを置いてから、その間に文や改行を入力していきます。こうすることで、いつもバランスが取れた状態でいられます。

大きなプログラムにおけるアンバランスな波カッコは、解けない暗号のように不可解なコンパイルエラーを引き起こします。波カッコにはさまざまな使い方があると同時に、いくつかの文ではきわめて重要なので、ほんの数行位置が違っただけで、そのプログラムの意味するところが劇的に変化してしまうことがあります。

［**波カッコのおもな使用例**］
関数

```
void myfunction(引数) {
    文
```

```
    }
```

ループ

```
while (式) {
    文
}

do {
    文
} while (式);

for (初期化 ; 式 ; 加算) {
    文
}
```

条件分岐

```
if (式) {
    文
}

else if (式) {
    文1
} else {
    文2
}
```

◯ コメント

コメントを書く目的は、プログラムの働きを自分が理解したり、思い出したりするのを助けるためです。また、他の人に、それを伝えるためでもあります。

コメントはコンパイラから無視され、コンピュータに出力されることはないので、チップ上のメモリを消費しません。

［**例**］コメントを記述する方法は / / と / * . . . * / の2通りあります。

```
x = 5;   // 1行コメント。2つのスラッシュの後ろはすべてコメント

/* こちらは複数行コメント
ブロックをコメントアウトしたいときに使用
  if (gwb == 0) {   // 複数行コメントのなかの1行コメントはOK
  x = 3;             // しかし、ここに複数行コメントは不可
}
ここまでが複数行コメント */
```

○ #define

#defineはC言語の便利な機能です。プログラム中の定数に対して名前を付けることができます。#defineで定義された定数は、コンパイル時に値へと置き換えられ、チップ上のメモリ（RAM）を消費しません。

ただし、自分で定数を定義するときは#defineではなくconstキーワードを使いましょう。

#defineは気をつけて使わないと副作用を起こします。たとえば、定義したキーワードが他の変数名や定数名に含まれていると、それも置き換えてしまいます。

[構文]

```
#define 定数名 値
```

「#」を忘れないようにしてください。

[例] この例では、コンパイル時にledPinと記述されている部分がすべて3という値に置き換えられます。

```
#define ledPin 3

void loop() {
  digitalWrite(ledPin, HIGH);
  delay(100);
  digitalWrite(ledPin, LOW);
  delay(100);
}
```

[補足] #define文の後ろのセミコロン「;」は不要です。もし、付けてしまうと、コンパイラは暗号めいたエラーを表示するでしょう。

163

⇒ #include

#includeは外部のライブラリ（あらかじめ用意された機能群）をあなたのスケッチに取り入れたいときに使います。この機能によりプログラマはC言語の豊富な標準ライブラリやArduino専用に書かれたライブラリを利用できます。

#includeも#defineと同様にセミコロンは不要です。

```
#include <LibraryFile.h>
#include "LocalFile.h"
```

<LibraryFile.h>のように、ファイル名が山カッコに囲まれているとき、そのファイルはArduinoのライブラリパスから探されます。他の人が作ったライブラリを読み込むときはこの書き方が多いでしょう。

"LocalFile.h"のように、ダブルクオートで囲まれているときは、ライブラリパスより先に、現在のスケッチフォルダ内が探されます。自分で書いたファイルをインクルードするときに使います。

[**例**]この例では、RAMの代わりにFlashメモリにデータを保存するためのライブラリをインクルードしています。この方法により、動的な記憶に必要なRAMスペースが節約でき、ルックアップテーブルも実用的に使えるようになります。

```
#include <avr/pgmspace.h>

prog_uint16_t myConstants[] PROGMEM = {
  0,0,0,0,0,0,0,0,29810,8968,29762,29762,4500
};
```

算術演算子

⇒ + - * /

これらの演算子は、2つの値の加算、減算、乗算、除算の結果を返します。その動作はデータの型に従います。たとえば、9と4がint（整数）であるとき、9 / 4の答えは2となります。これは、それぞれのデータ型に許されている値より大きな結果が得られたときに、オーバーフローが生じることも意味します。たとえば、int型の32,767に1を足すと、-32,768となります。

異なる型を組み合わせたときは、大きい方の型にもとづいて計算されます。また、一方の型が

floatかdoubleのときは、浮動小数点演算が行われます。

[構文]
```
答 = 値1 + 値2;
答 = 値1 - 値2;
答 = 値1 * 値2;
答 = 値1 / 値2;
```

[パラメータ]
　値1：変数または定数
　値2：変数または定数

[例]

```
y = y + 3;
x = x - 7;
i = j * 6;
r = r / 5;
```

[TIPS]
- 通常、整数の定数はint型なので、オーバーフローに注意してください。たとえば、60*1000は-5536となります。
- 計算の結果を格納するのに十分な大きさを持つ型を選択しましょう。
- 変数が「ひとまわり」するポイントを知っておいてください。また、正負を逆にしたときの動作にも注意してください。たとえば、(0 - 1)や(0 - -32768)など。
- 分数が必要なときは、浮動小数点型の変数を使いますが、メモリサイズが大きく計算が遅いという欠点があります。
- キャスト演算子を使って、(int)myFloatのようにすると、その場で変数の型を変更できます。

➋ %（剰余）

整数の割り算を行ったときの余りを返します。

[構文]
　答 = 値1 % 値2;

[パラメータ]
　値1：変数または定数
　値2：変数または定数

［例］

```
x = 7 % 5;    // xは2に
x = 9 % 5;    // xは4に
x = 5 % 5;    // xは0に
x = 4 % 5;    // xは4に
```

剰余演算子は配列の要素を循環的に使いたいときに便利です。次の例は、配列の要素を1つずつ更新します。10個目を更新したら、最初の要素へ戻ります。

```
int values[10];
int i = 0;

void setup() {}

void loop() {
  values[i] = analogRead(0);
  i = (i + 1) % 10;    // 剰余演算子を使ってインデックスを計算
}
```

［TIPS］剰余演算子は浮動小数点（float）の値に対しては機能しません。

....

⊃ =（代入）

等号（=）の右側の値を、左側の変数に格納します。
C言語では、1つの等号を代入演算子と呼びます。その意味は数学で習う「等しい」とは異なります。代入演算子は等号の右側の式や値を評価して、左側の変数に格納するよう、マイコンに伝えます。

［例］整数を代入する例です。

```
int sensVal;              // 変数をsensValという名で宣言
sensVal = analogRead(0);  // アナログピン0の値をsensValに格納
```

［TIPS］等号（=）の左側の変数は値を記憶できる必要があります。値を記憶できるだけの大きさがない場合、記憶された値は間違ったものになります。
代入演算子（=）と2つの値をくらべるときに使う比較演算子（==）を混同しないようにしましょう。

比較演算子

⮥ == != < > <= >=

if文の項を参照。

ブール演算子

⮥ && （論理積）

2つの値がどちらもtrueのときtrueとなる。

[例] 2つの入力ピンがどちらもHIGHのとき実行されます。

```
if (digitalRead(2) == HIGH  && digitalRead(3) == HIGH) {
  // 実行されるコード
}
```

⮥ || （論理和）

2つの値のどちらか一方でもtrueならばtrueとなる。

[例] xかyのどちらか一方でも0より大きければ実行されます。

```
if (x > 0 || y > 0) {
  // 実行されるコード
}
```

➲ !（否定）

値が false ならば true を、true ならば false を返す。

［**例**］x が false のとき実行されます。

```
if (!x) {
  // 実行されるコード
}
```

ビット演算子

ビット演算子は変数をビットのレベルで計算するためのものです。ビット演算子によって、広範囲なプログラミング上の問題を解決することができます。

➲ &（AND）

AND（論理積）演算子 & は、2つの整数の間で使われます。AND演算子は値の各ビットに対して個別に、次のようなルールで計算を行います。

どちらのビットも1なら1
そうでないならば0

```
0  0  1  1  値1
0  1  0  1  値2
----------
0  0  0  1  （値1 & 値2）の結果
```

Arduino の int 型は16ビットの値なので、2つの int 型の値に対してAND演算を行うと、16回のAND演算が同じように繰り返されることになります。

```
int a =  92;   // 二進数の0000000001011100
int b = 101;   // 二進数の0000000001100101
int c = a & b; // 計算結果0000000001000100 （十進数の68）
```

aとbの16ビットそれぞれに対してAND演算が行われ、その結果がcに入ります。結果を二進数で表記すると0000000001000100で、十進数では68です。

ある整数から特定のビットを選択することが、AND演算の一般的な使い方の1つです。これをマスキング（マスクする）といいます。OR演算子の項にマスクの例があります。

⤷ | （OR）

OR（論理和）演算子 | は2つの整数の間で使われます。OR演算子は値の各ビットに対して個別に、次のようなルールで計算を行います。

どちらのビットも1なら1
どちらか一方が1のときも1
どちらも0のときは0

```
0   0   1   1    値1
0   1   0   1    値2
----------
0   1   1   1    （値1 | 値2）の結果
```

```
int a = 92;    // 二進数の0000000001011100
int b = 101;   // 二進数の0000000001100101
int c = a | b; // 計算結果0000000001111101（十進数の125）
```

[例] ビット演算子ANDとORは、ポートに対するRead-Modify-Writeと呼ばれる処理によく使われます。マイクロコントローラのポートはピンの状態を示す8ビットの数値で表されます。ポートに対して（数値を）書き込むことで、それらのピンを一度にコントロールできます。

PORTDはデジタルピン0〜7の出力の状態を参照するための組み込み定数です。あるビットが1だとすると、そのピンはHIGHです（そのピンはあらかじめpinModeでOUTPUTに設定されている必要があります）。さて、試しにPORTD = B10001100と書き込んでみましょう。ピン2、3、7がHIGHになりましたが、ここで1つひっかかることがあります。この処理によって、Arduinoがシリアル通信に使うピン0と1の状態まで変えてしまったかもしれません。そうすると、シリアル通信に悪影響が出ます。

[アルゴリズム]

- PORTDの状態を取得してコントロールしたいピンに一致するビットだけをクリア（AND演算子を使用）。
- 変更されたPORTDの値と新しい値を結びつける（OR演算子を使用）。

次の例では、6本のピンにつながったLEDに二進数の値を表示します。

```
int i;      // カウンタ
int j;
void setup(){
  // ピン2から7のdirection bitをセット
  // ただし、ピン0、1には触らない (xx | 00 == xx)
  // これはピン2～7にpinMode(pin, OUTPUT)をするのと同じ
  DDRD = DDRD | B11111100;

  Serial.begin(9600);
}

void loop(){
  for (i=0; i<64; i++){
    // ビット2～7をクリア
    // ただし、ピン0、1には触らない (xx & 11 == xx)
    PORTD = PORTD & B00000011;

    // ピン0、1を避けるため変数をピン2～7の位置へ左シフト
    j = (i << 2);

    // LEDがつながっているポートの値に、新しい値を結びつける
    PORTD = PORTD | j;

    Serial.println(PORTD, BIN); // デバッグ用
    delay(100);
  }
}
```

....

⟲ ^ (XOR)

排他的論理和（EXCLUSIVE OR）、あるいはXORと呼ばれるちょっと便利な演算子があります（XORは「エクスオア」と発音されます）。XORのシンボルは「^」です。

この演算子はOR（|）に似ていますが、計算対象のビットが両方1のときは0となる点が異なります。

```
0  0  1  1    値1
0  1  0  1    値2
----------
```

```
  0   1   1   0      (値1 ^ 値2) の結果
```

違う見方をすると、XORは2つのビットが異なるときだけ1となり、同じ場合は0となる、と言えます。

```
int x = 12;      // 二進数の1100
int y = 10;      // 二進数の1010
int z = x ^ y;   // 二進数の0110 (十進数の6)
```

XOR演算子はビットのトグル (0から1へ、1から0への変化) によく使われます。マスクビットが1のときそのビットは反転し、0のときはそのままです。
次の例は、デジタルピン5をチカチカさせます。

```
void setup() {
  DDRD = DDRD | B00100000; // デジタルピン5をOUTPUTに
  Serial.begin(9600);
}

void loop() {
  PORTD = PORTD ^ B00100000;  // bit5(ピン5)だけ反転
  delay(100);
}
```

↻ ~ (NOT)

NOT演算子「~」は、&や | と違って、右側の1つの値に対して働きます。NOT演算子は各ビットを反対の値にします。0は1に、1は0になります。

```
0   1     値1
-------
1   0     ~ 値1
```

```
int a = 103;     // 二進数で0000000001100111
int b = ~a;      // 二進数で1111111110011000 (十進数の -104)
```

演算の結果、-104という負の数が現れたことに驚くかもしれません。これは整数の最上位ビットが原因です。符号ビットとも言われるこのビットが1のとき、その数は負と解釈されます。
このような正負の値のエンコーディングは「2の補数」と呼ばれます。ちなみに、xが整数のとき、~xは (-x - 1) と同じです。

➲ << (左シフト) >> (右シフト)

2種類のビットシフト演算子があります。<< が左シフト、>> が右シフトです。演算子の右側の数だけ、左側の値をシフトします。

[構文]
　　値 << ビット数
　　値 >> ビット数

値は、byte型、int型、long型などの整数。ビット数は32以下の整数です。

[例] 3ビットずつ左シフトと右シフトをする例です。

```
int a = 5;        // 二進数の0000000000000101
int b = a << 3;   // 二進数の0000000000101000 (十進数の40)
int c = b >> 3;   // 二進数の0000000000000101 (最初の値に戻った)
```

xをyビット分、左シフトするとき (x << y)、左寄りのyビット分は失われます。

```
int a = 5;        // 二進数の0000000000000101
int b = a << 14;  // 二進数の0100000000000000 (1が捨てられた)
```

左シフトは、シフトする回数分、値を2倍していると考えると覚えやすいでしょう。次の例は2のn乗を表しています。

```
1 <<  0  ==    1
1 <<  1  ==    2
1 <<  2  ==    4
1 <<  3  ==    8
...
1 <<  8  ==  256
1 <<  9  ==  512
1 << 10  == 1024
...
```

最上位ビットが1の変数xを右シフトする場合、結果はxの型に依存します。xがint型のとき最上位ビットは符号ビットですが、深遠な歴史的経緯に基づき、その符号ビットが右側に向かってコピーされていきます。

```
int x = -16;     // 二進数の1111111111110000
int y = x >> 3;  // 二進数の1111111111111110
```

この符号拡張と呼ばれる挙動をあなたが望まず、かわりに、左から0がシフトして来るほうがいい
と思うかもしれません。符号なし整数に対する右シフトではルールが異なります。型キャストを使
うことで、符号拡張を取り消すことができます。

```
int x = -16;               // 二進数の1111111111110000
int y = (unsigned int)x >> 3;  // 二進数の0001111111111110
```

注意深く符号拡張を無効にすることで、右シフトを2をn乗した数での割り算に使うことができます。

```
int x = 1000;
int y = x >> 3;    // 1000を8(2の3乗)で割っている。y=125となる
```

....

⊃ ポート操作

ポート・レジスタを通じて、ArduinoボードのIOピンを高速かつ細部に至るまで操作できます。こ
こではArduino Unoで使われている8ビットマイコン（ATmega168/328P）を例に、その概要
を説明します。他のマイコンではポートの数、名称、役割が異なります。
Arduino Unoで操作可能なのは次の3つのポートです。

ポートB（デジタルピン8から13）
ポートC（アナログピン）
ポートD（デジタルピン0から7）

各ポートはArduino言語で定義されている3つのレジスタでコントロールされます。レジスタDDR
は、ピンがINPUTかOUTPUTかを決定します。PORTレジスタはピンのHIGH/LOWを制御し、
PINレジスタでINPUTピンの状態を読み取ります。
レジスタの各ビットは1本のピンに対応づけられています。たとえば、DDRB、PORTB、PINBの
最下位ビットは、PB0（デジタルピン8）です。

DDRとPORTレジスタは読み書き両方が可能です。PINレジスタは読み取り専用です。
以下はレジスタを表す変数の名前のリストです。

```
DDRD :  ポートD方向レジスタ
PORTD : ポートDデータレジスタ
PIND :  ポートD入力レジスタ(読み取り専用)
```

DDRB： ポートB方向レジスタ
PORTB： ポートBデータレジスタ
PINB： ポートB入力レジスタ(読み取り専用)

DDRC： ポートC方向レジスタ
PORTC： ポートCデータレジスタ
PINC： ポートC入力レジスタ(読み取り専用)

PORTBはArduinoボードのデジタルピン8から13の6本に割り当てられています。上位2ビット（6と7）には水晶発振器が接続されているので使用できません。

PORTCはArduinoボードのアナログ0から5です。6と7のピンは（QFPタイプのATmega168を使っている）Arduino Miniでのみアクセス可能です。

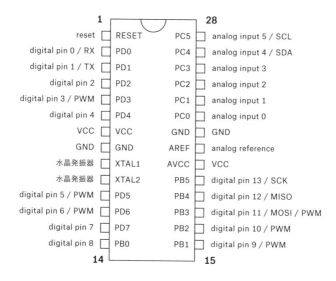

図II-1 ATmega168/328Pのピン配置

[例] ポートDのレジスタは、デジタルピン0〜7をコントロールします。

注意が必要なのは、ピン0と1は、Arduinoにプログラムを書き込んだり、デバッグするために使われている点です。スケッチの実行中にこれらのピンを変更してしまうと、シリアルの入出力ができなくなりますので、気を付けてください。

DDRDはポートDの方向レジスタです。このレジスタの各ビットはポートDの各ピンが入力と出力のどちらに使用されるかを決定します。

```
DDRD = B11111110;   // ピン1〜7を出力、ピン0は入力
```

```
  // より安全な方法： RXとTX（ピン0と1）は変更せず、2〜7を出力に設定
  DDRD = DDRD | B11111100;
```

PORTDは出力の状態を設定するレジスタです。

```
  PORTD = B10101000; // デジタルピン7、5、3をHIGHに
```

DDRDかpinMode命令によってピンが出力に設定されているとき、上の例のようにすると、指定
されたピンだけに5Vが生じます。
PINDは入力レジスタです。すべてのピンのデジタル入力を同時に読み取ることができます。

［補足］なぜ、ポート操作を使うのでしょうか？
一般的に、このやり方はあまりいいアイデアとは言えません。なぜ良くないか、いくつかの理由が
あります。

- コードのデバッグやメンテナンスがずっと難しくなります。また、他の人が理解しにくくなるで
  しょう。数マイクロ秒の実行時間を節約したために、うまく動かなかったときには数時間が必要
  になるかもしれません。あなたの時間は貴重ですよね？　一方、コンピュータの時間はチープで
  す。普通は、わかりやすいコードを書く方がいいのです。
- 移植しにくいコードになります。digitalReadとdigitalWriteを使ってコードを書けば、
  他のAtmelのマイコンすべてで動くようにすることも容易です。
- ポートに直接アクセスすると、不意のトラブルが発生しやすくなります。DDRD =
  B11111110というコードはどうでしょう。ピン0はシリアル通信の受信ライン（RX）であり、入
  力でなくてはなりません。うっかり、このピンを出力に設定してしまうと、シリアル通信が突然使
  えなくなり、あなたはとても混乱することでしょう。

それでもポートに直接アクセスしたいと思う人がいるのは、ポジティブな側面もあるからです。

- プログラムメモリが少ないとき、このトリックを使ってコードを小さくすることができます。ルー
  プを使って個々のピンをセットするのに比べて、レジスタを使うとコンパイル後のコードがかな
  り小さくなります。場合によっては、あなたのプログラムがFlashメモリに収まるか収まらない
  かを決める要因になるでしょう。
- 複数のピンを同時にセットしたいときがあるかもしれません。

```
  digitalWrite(10,HIGH);
  digitalWrite(11,HIGH);
```

このプログラムでは、ピン10がHIGHになってからピン11がHIGHになるまで、数マイクロ秒
の間が空くはずです。これでは、時間に敏感な外部回路を接続している場合に困ります。代わ
りに、PORTB |= B1100;とすれば、両方のピンが完全に同じタイミングでHIGHになります。

- 1マイクロ秒未満の速さでピンをオンオフする必要が生じるかもしれません。ソースファイル、lib/targets/arduino/wiring.cを見ると、`digitalRead()`や`digitalWrite()`は10行以上のコードからなっていて、コンパイルすると少なからぬ量のマシン語になります。各マシン語は16MHzのクロックの1サイクルを消費します。直接ポートにアクセスすることによって、より少ないクロックサイクルで同じ仕事をこなすことができます。

複合演算子

➲ ++（加算）--（減算）

変数に対し1を加算（++）、減算（--)します。

[構文]

```
x++; // xを返し、1を加えます
++x; // 1を加えたxを返します
x--; // xを返し、1を引きます
--x; // 1を引いたxを返します
```

［例］演算子を変数の左右どちらに置くかで意味が変わります。

```
x = 2;
y = ++x;        // xは3、yも3になる
y = x--;        // xは2に戻り、yは3のまま
```

➲ += -= *= /=

演算と代入をまとめたものです。

[構文]

```
x += y;  // この式は、x = x + y;と同じです
x -= y;  // この式は、x = x - y;と同じです
x *= y;  // この式は、x = x * y;と同じです
x /= y;  // この式は、x = x / y;と同じです
```

```
x = 2;
x += 4;      // xは6
x -= 3;      // xは3
x *= 10;     // xは30
x /= 2;      // xは15
```

➲ &=（AND）

&= は変数の特定のビットを0にしたいときによく使われる演算子です。この処理は、ビットの「クリア」と表現されることがあります。

［構文］
```
x &= y;     // x = x & y;と同じ
```

x：char型、int型、long型の変数
y：整数型定数またはchar型、int型、long型の変数

［例］あるビットに対して0でAND（&）を実行すると、結果は0になります。

```
myByte &= B00000000; // myByteはB00000000に
```

1でのANDは、変化しません。

```
myByte &= B11111111; // myByteは変化しない
```

&= を使ったマスキングの例です。

```
byte a = B10110101;
a &= B11111100;           // このB11111100がマスクパターン
Serial.println(a, BIN); // 結果はB10110100
```

➲ |= (OR)

|=は変数の特定のビットを「セット」(1にすること)したいときによく使われます。

[**構文**]

```
x |= y;    // x = x | y;と同じ
```

x:char型、int型、long型の変数
y:整数型定数またはchar型、int型、long型の変数

[**例**] 下位2ビット(右端の2桁)をセットします。他のビットには触れません。

```
byte myByte = B10101010;
myByte |= B00000011;      // 結果はB10101011
```

データ型

➲ bool (boolean)

ブール型はtrue(真)かfalse(偽)どちらか一方の値を持ちます。メモリ上では1バイトを消費します。
かつてArduinoではbooleanという別名が使われていて、古いスケッチを見ると残っているかもしれませんが、現在はboolが標準です。

[**例**] スイッチでLEDのオンオフを行います。

```
bool running = false;

int LEDpin = 5;        // ピン5 LED
int switchPin = 13;    // ピン13 スイッチ(GNDに接続)

void setup() {
  pinMode(LEDpin, OUTPUT);
  pinMode(switchPin, INPUT);
  digitalWrite(switchPin, HIGH);   // プルアップ抵抗を有効
```

```
}

void loop() {
  if (digitalRead(switchPin) == LOW) {
    // LOWでスイッチオン (通常はプルアップによりHIGH)
    delay(100);                     // バウンシング対策
    running = !running;             // ブール変数でオンオフ切替
    digitalWrite(LEDpin, running)   // LED表示
  }
}
```

● char

1つの文字を記憶するために1バイトのメモリを消費する型です。文字は'A'のように、シングルクオーテーションで囲って表記します(複数の文字=文字列の場合はダブルクオーテーションを使い、"ABC"のようになります)。

文字は数値として記憶されます。これは、文字を計算の対象として扱えることを意味します。たとえば、ASCIIコードにおける大文字のAは65なので、'A'+1は66となります。文字から数値への変換については、Serial.printの項で、より詳しく説明されています。

char型は符号付きの型 (signed) で、-128から127までの数値として扱われます。符号なし (unsiged) の1バイトが必要なときは、byte型を使ってください。

[例]

```
char myChar = 'A';
char myChar = 65;  // 同じ意味です
```

● byte

byte型は0から255までの8bitの数値を格納します。符号なしのデータ型で、これは負の数値は扱えないという意味です。

[例] byte型として宣言し、18を代入しています。右辺のBは二進数を表しています(二進数の10010は十進数で18です)。

```
byte b = B10010;
```

➔ int（整数型）

int 型（整数型）は、数値の記憶にもっともよく使われる型です。Arduino Uno や他の8ビットATmega チップを使用するボードでは16ビット（2バイト）を使って格納され、値の範囲は-32,768から32,767までとなります。32ビットマイコンを搭載するArduino Due やSAMD 搭載ボード（MKRファミリー、Zero など）では4バイトで格納され、値の範囲は-2,147,483,648から2,147,483,647までとなります。

int 型は負の数を「2の補数」と呼ばれるテクニックで表現します。最上位のビットは符号ビットともいわれ、負の値であることを示すフラグです。残りのビットは反転してから1を加算します。

Arduino が期待どおりの挙動をしてくれるので、負の数の取り扱いについて、ユーザが細部を気にする必要はありません。ただし、ビットシフト演算（>>）を使用してしまうと、やっかいな問題が生じるかもしれません。

［例］

```
int ledPin = 13;
```

［TIPS］変数の値がその型の最大値を超えてしまうと、ひとまわりして、その型の最小値になってしまいます。これはどの向きにも起こります。

```
int x
x = -32768;
x = x - 1;   // このときxは32767となる。
x = 32767;
x = x + 1;   // このときのxは-32768。反対方向にひとまわり
```

➔ unsigned int（符号なし整数）

unsigned int 型は、2バイトの値を格納する点では int 型と同じですが、負の数が扱えず、0から65535までの正の数だけを格納します。

符号付き整数型と符号なし整数型の違いは、最上位ビットの解釈の違いです。

［例］

```
unsigned int ledPin = 13;
```

［TIPS］int 型と同じで、unsigned int 型も変数の値がその型の最大値を超えてしまうと、ひとまわりします。

```
unsigned int x
x = 0;
x = x - 1;    // このとき x は 65535
x = x + 1;    // そこに1を足すとxは0
```

⊃ long（long 整数型）

long 型の変数は32ビット（4バイト）に拡張されており、-2,147,483,648から2,147,483,647
までの数値を格納できます。

[例] 整数の末尾に "L" をつけると、long 型として扱われます

```
long speedOfLight_km_s = 300000L;
```

⊃ unsigned long（符号なし long 整数型）

unsigned long型の変数は32ビット（4バイト）の数値を格納します。通常の long 型と違い、
負の数は扱えません。値の範囲は0から4,294,967,295（2の32乗 - 1）です。

[例] millis() の値を格納するのに符号なし long 整数を使います。

```
unsigned long time;

void setup() {
  Serial.begin(9600);
}

void loop() {
  Serial.print("Time: ");
  time = millis();
  Serial.println(time);  // 起動からの時間を出力
  delay(1000);           // 大量のデータを送らないよう1秒停止
}
```

データ型

181

● float（浮動小数点型）

浮動小数点を持つ数値のためのデータ型です。つまり、小数が扱えます。整数よりも分解能が高いアナログ的な値が必要なときに使います。使用可能な値の範囲は3.4028235E+38から-3.4028235E+38までで、32ビット（4バイト）のサイズです。

浮動小数点数には誤差があるので、比較に用いるとおかしな結果になるかもしれません。かわりに、差の絶対値が十分小さいことをチェックしたほうがいいでしょう。また、浮動小数点型の計算は整数型にくらべてとても時間がかかります。タイミングが重要な処理で、速いループが必要なときには使用しないほうがいいでしょう。

[**例**] 浮動小数点型の宣言です。

```
float myfloat;
float sensorCalbrate = 1.117;
```

整数型と浮動小数点型が混在する計算の例です。

```
int x, y;
float z;

x = 1;
y = x / 2;          // yは0（整数型は小数を保持できない）
z = (float)x / 2.0; // zは0.5（2ではなく、2.0で割っている）
```

● double（倍精度浮動小数点型）

Arduino Unoのdouble型はfloat型と同一の実装で、この型を使っても精度は向上しません。double型を含むコードをArduinoへ移植する際は注意してください。

● 文字列（配列）

文字列（string）は2つの方法で表現できます。ここでは、char型の配列とヌル終端で表される従来型の文字列を説明します。arduino-0019以降でコアの一部となったもうひとつの方法については、Stringクラスの項を参照してください。

[**例**] 以下はどれも有効な文字列の宣言です。

```
char Str1[15];
char Str2[8] = {'a', 'r', 'd', 'u', 'i', 'n', 'o'};
char Str3[8] = {'a', 'r', 'd', 'u', 'i', 'n', 'o', '\0'};
char Str4[ ] = "arduino";
char Str5[8] = "arduino";
char Str6[15] = "arduino";
```

- Str1は初期化をしないchar型配列の宣言です。
- Str2は1文字分の余分な大きさを持つchar型の配列で、コンパイラはヌル文字を自動的に付加してくれます。
- Str3ではヌル文字を明示的に宣言しています。
- Str4はダブルクォーテーションマークで囲った文字列定数で初期化しています。コンパイラはちょうどいい大きさの配列を生成し、ヌル終端も付加します。
- Str5では配列の大きさを明示的に指定して宣言しています。
- Str6では余白を残して初期化しています。

一般的な文字列は最後の1文字がヌル文字（ASCIIコード0）になっていて、（Serial.printのような）関数に文字列の終端を知らせることができます。そうなっていなければ、メモリ空間上の文字列以外の部分まで、続けて読み込んでしまうでしょう。

ヌル終端があるということは、格納したい文字数よりも1文字分多くのメモリが必要であることを意味します。

文字列（string）は "Abc" のように、ダブルクォーテーションで囲って記述されます。文字（character）は 'a' のようにシングルクォーテーションです。

長い文字列を、次のように改行しながら記述することができます。

```
char myString[] = "This is the first line"
  " this is the second line"
  " etcetera";
```

液晶ディスプレイに大量の文章を表示するようなときは、文字列の配列を使うと便利です。文字列それ自体が配列なので、2次元配列となります。

以下のコードの、charの後についているアスタリスク（*）は、ポインタの配列であることを表します。つまり、配列の配列を作成しているわけです。

ポインタは、C言語のビギナーにとって、もっとも理解しがたい部分ですが、細部を理解していなくても、ここに示すような効果的な使い方ができます。

```
char* myStrings[]={
  "This is string 1",  "This is string 2",
  "This is string 3",  "This is string 4"
};
```

```
void setup(){
Serial.begin(9600);
}

void loop(){
for (int i = 0; i < 4; i++){
   Serial.println(myStrings[i]);
   delay(500);
   }
}
```

⊃ 配列

配列（array）は変数の集まりで、インデックス番号（添え字）を使ってアクセスされます。Arduino
言語のベースになっているC言語の配列にはわかりにくいところもありますが、単純な配列なら
ば比較的簡単に使えます。

配列の生成（宣言）
次の書き方はどれも配列を生成（宣言）する有効な方法です。

```
int myInts[6];
int myPins[] = {2, 4, 8, 3, 6};
int mySensVals[6] = {2, 4, -8, 3, 2};
char message[6] = "hello";
```

myIntsの例のように、初期化せずに配列を宣言することができます。
myPinsの例では、配列のサイズを明示せずに宣言しています。コンパイラは要素の数をカウン
トして、必要なサイズの配列を生成します。

mySensValsの例は初期化とサイズの指定を行っています。char型の配列を宣言するときは、
ヌル文字を記憶するために1文字分余計に初期化する必要があります。

配列のアクセス
配列のインデックスはゼロから始まります。つまり、配列の最初の要素にアクセスするときのイン
デックスは0です。10個の要素があるとしたら、インデックス9の要素が最後の要素ということに
なります。

```
int myArray[10] = {9,3,2,4,3,2,7,8,9,11};
```

```
// myArray[9]    この変数が持っているのは11 (最後の要素)
// myArray[10]   このindexは無効で、ランダムな値が返ります
```

配列にアクセスするときは、このゼロから始まるインデックスに注意が必要です。配列の終端を超えてアクセスしてしまうと、他の目的で使用されているメモリを読んでしまいます（配列のサイズから1を引いた値がインデックスの最大値です）。配列の範囲外であっても読み込みならば無効な値が得られるだけで済みますが、そこにデータを書き込んでしまうと、プログラムが不具合を起こしたり、クラッシュしたりといった不幸な事態が起こります。これはまた発見が難しいバグの原因にもなります。

いくつかのBASIC言語と違い、Cコンパイラは配列がアクセスされるときにインデックスが宣言された範囲に収まっているかどうかをチェックしません。

[**例**] 配列の要素に値を割り当てます。

```
mySensVals[0] = 10;
```

配列から値を読み取る例です。

```
x = mySensVals[4];
```

forループのなかでループカウンタをインデックスに使って配列を操作することがよくあります。たとえば、配列の要素をシリアルポートに出力するときは、次のようにします。

```
int i;
for (i = 0; i < 5; i = i + 1) {
  Serial.println(myPins[i]);
}
```

⤷ void

一般的なArduinoプログラミングにおいて、voidキーワードは関数の定義にだけ使われます。voidはその関数を呼び出した側になんの情報も返さないことを示します。

[**例**] setup()とloop()での使用例。これらはどこにも情報を返しません。

```
void setup()
{
  // ...
}
```

185

```
void loop()
{
  // ...
}
```

Stringクラス

Stringクラスは文字を扱う配列型の文字列よりも複雑な連結、追加、置換、検索といった操作が可能です。そのかわり、配列型より多くのメモリを消費します。ダブルクォーテーションで囲まれた文字列定数はこれまでどおり配列として処理されます。

....

⊃ String( )

Stringクラスのインスタンスを生成します。様々なデータ型から変換して、インスタンスを生成することができます。
数値からインスタンスを生成すると、その値（10進数）をASCII文字で表現したものになります。

```
String thisString = String(13)
```

こうすると "13" という文字列がインスタンスに与えられます。別の基数を用いることもできます。

```
String thisString = String(13, HEX)
```

16進数を指定すると "D" という文字列が与えられます。

```
String thisString = String(13, BIN)
```

2進数を指定したときの生成される文字列は "1101" です。

[構文]
```
String(val)
String(val, base)
```

[パラメータ]
 val：文字列に変換される値。従来型の文字列のほかにchar、byte、int、long、unsign

ed int、unsigned longなどの各型に対応している

base（オプション）：基数

[**例**] 以下の宣言はすべて有効です。

```
String stringOne = "Hello String";                 // 文字列定数を使用
String stringOne =  String('a');                    // 1文字
String stringTwo =  String("This is a string");
String stringOne =  String(stringTwo + " with more");  // 連結
String stringOne =  String(13);                     // 定数
String stringOne =  String(analogRead(0), DEC);// 整数（10進数）
String stringOne =  String(45, HEX);                // 整数（16進数）
String stringOne =  String(255, BIN);               // 整数（2進数）
String stringOne =  String(millis(), DEC);          // long型整数
```

○ Stringクラスの関数

`string.charAt(n)`：文字列の先頭からn+1番目の文字を返します。

```
String s = "abcdefgh";
Serial.println(s.charAt(1));   // bと表示されます
```

`string.compareTo(string2)`：2つの文字列を比較します。ABC順で見たとき、string2のほうが後ろに来るなら負の値、前に来るなら正の値を返します。インスタンスとstring2が一致するときは0を返します。

```
String s = "abc";
Serial.println(s.compareTo("abb"));   // 1と表示されます
Serial.println(s.compareTo("abd"));   // -1と表示されます
```

`string.concat(string2)`：文字列を連結します。`string`の末尾に`string2`が付け加えられます。

```
String s = "abcd";
s.concat("efgh");
Serial.println(s);   // abcdefghと表示されます
```

`string.endsWith(string2)`：`string`の末尾が`string2`のとき`true`を返し、そうでなければ`false`を返します。

187

string.equals(string2)：2つの文字列を比較し、一致するときtrueを返し、そうでなければfalseを返します。大文字小文字を区別します。

string.equalsIgnoreCase(string2)：大文字小文字の区別をせず比較し、一致していればtrueを返し、そうでなければfalseを返します。helloとHELLOは一致するとみなされます。

string.getBytes(buf, len)：文字列をbyte型の配列（buf）にコピーします。lenはbufのサイズです（int）。

string.indexOf(val, from)：文字列の中を先頭から検索し、見つかった場合はその位置を返します（1文字目が0です）。見つからなかったときは-1を返します。valは探したい文字（'a'）または文字列（"abc"）です。fromは検索を始める位置で、省略も可能です。

```
String s = "abcdefgh";
Serial.println(s.indexOf("fg"));  // 5と表示されます
```

string.lastIndexOf(val, from)：文字列の中を末尾から検索し、見つかった場合はその位置を返します。見つからなかったときは-1を返します。valは探したい文字（'a'）または文字列（"abc"）です。fromは検索を始める位置で、省略可能です。

```
String s = "abc_def_ghi_";
Serial.println(s.lastIndexOf('_', 10));  // 7と表示されます
```

string.length()：文字数を返します。

```
String s = "abcdefg";
Serial.println(s.length());  // 7と表示されます
```

string.replace(substring1, substring2)：置換します。substring1をsubstring2に置換した文字列を返します。

```
String s = "abcd";
Serial.println(s.replace("cd", "CD"));  // abCDと表示されます
```

string.setCharAt(index, c)：indexで指定した位置の文字をcに置き換えます。

stringの長さより大きいindexを指定した場合はなにも変化しません。

```
String s = "abcdefg";
s.setCharAt(3, 'D');
Serial.println(s); // abcDefgと表示されます
```

string.startsWith(string2)：stringの先頭がstring2のときtrueを返し、そうでなければfalseを返します。

string.substring(from, to)：文字列の一部を返します。toは省略可能で、fromだけが指定されているときは、from+1文字目から末尾までの文字列を返します。toも指定されているときは、末尾ではなくtoまでを返します。

```
String s = "abcdefgh";
Serial.println(s.substring(3)); // defghと表示されます
Serial.println(s.substring(3, 6)); // defと表示されます
```

string.toCharArray(buf, len)：文字列をbyte型の配列（buf）にコピーします。lenはbufのサイズです（int）。

string.toLowerCase()：大文字を小文字に変換します。

string.toUpperCase()：大文字を小文字に変換します。

string.trim()：先頭と末尾のスペースを取り除きます。

```
String s = "\n abcd \n"; // 前後に改行とスペースが入っています
String s2 = s.trim();
Serial.print("[");
Serial.print(s2);
Serial.println("]"); // [abcd]と表示されます
```

● Stringクラスの演算子

[] 要素へのアクセス：配列と同じように指定した文字にアクセスできます。

```
String s = "abcdef";
```

189

```
s[3] = 'D';
Serial.println(s);   // abcDefと表示されます
```

+ 連結：文字列を連結します。`string.concat()`と同じ働きです。

```
String s1 = "abc";
String s2 = "def";
s1 += 123;
Serial.println(s1);        // abc123と表示されます
Serial.println(s1 + s2);  // abc123defと表示されます
```

== 比較：2つの文字列を比較し、一致するときは`true`を、異なるときは`false`を返します。`string.equals()`と同じ意味です。

定数

定数はプログラムのなかで値が変化しない変数と考えるといいでしょう。Arduino言語であらかじめ定義されている定数と、ユーザーが自分で定義して使う定数があります。おもにプログラムのメンテナンス性を高めるために使われます。

● true/false（論理レベルを定義する定数）

Arduino言語のベースとなっているC言語には`true`と`false`という2つのブール定数があります。
`true`よりも`false`のほうが簡単に定義できます。`false`は0です。
`true`は1とされることが多く、それで良いのですが、本来はもっと広い定義が可能です。1以外にも、-1や2、-200といった数もブール値として見たときには`true`です。

● HIGH/LOW（ピンのレベルを定義する定数）

デジタルピンに対して入出力するとき、ピンは`HIGH`か`LOW`どちらかの状態を取ります。

`HIGH`：`HIGH`の意味は対象となるピンの設定が`INPUT`か`OUTPUT`かで異なります。
`pinMode`で`INPUT`にセットしたピンを`digitalRead`するとき、そのピンに3V以上の電圧がかかると`HIGH`になります。同じピンに`digitalWrite`で`HIGH`を出力すると、20KΩの内部

プルアップ抵抗が有効になります。

ピンがOUTPUTに設定されているとき、digitalWriteでHIGHを出力すると、そのピンは5Vになります。

LOW：LOWの意味もピンのモードに依存します。

INPUTに設定されているピンに対してdigitalReadを実行するとき、2V以下の電圧でLOWとなります。

OUTPUTに設定されているピンにdigitalWriteでLOWを出力すると、そのピンは0Vとなります。

［訳注］ここでは、電源電圧が5VのArduinoボードが前提となっています。電源電圧が3.3Vの場合、HIGHは3.3Vとなります。つまり、マイコンを駆動している電圧がHIGHのレベルです。

....

⊃ INPUT/INPUT_PULLUP/OUTPUT
（デジタルピンを定義する定数）

デジタルピンの電気的振る舞いを変更するときに使う定数で、おもにpinMode関数のパラメータとして使います。

INPUT

デジタルピンを入力として設定したいときに使います。たとえばスイッチをつないでその状態を知りたいとき、INPUTを指定します。

INPUTに設定されたピンはハイインピーダンス状態にあります。これは100MΩ（メガオーム）の抵抗が直列に接続された状態に相当し、サンプリングの際、回路に対してほんのわずかの影響しか与えません。このことはセンサの値を読み取るときに役立ちますが、LEDの駆動には不向きです。

INPUT_PULLUP

Arduino Unoが採用しているATmegaマイコンは内部にプルアップ抵抗を持っています。pinMode()でこれを有効にするとき使うのが、この定数です。プッシュスイッチ（タクタイルスイッチ）やティルトスイッチのように、接点が開放状態になる可能性のある部品を使うときは、プルアップ抵抗を有効にして、ピンが「浮いている」状態になるのを防ぐ必要があります。内部プルアップ機能の代わりに、10KΩ程度の抵抗器を使って、プルアップ（+5Vに接続）またはプルダウン（GNDに接続）する方法もあります。

OUTPUT

ピンがOUTPUTとして設定されているときはローインピーダンス状態にあるといえます。これは、回路に対してたくさんの電流を供給できることを意味します。Arduino Unoのピンはソース（電流を供給する）としても、シンク（電流を吸い込む）としても使用でき、ピンあたり最大40mA（ミリアンペア）を流すことができます。この値を超えると、マイコンが破壊に至る可能性があります。

GNDや5V端子に短絡（ショート）させないよう注意してください。出力モードのデジタルピンは LEDの点灯には使えますが、モーターやリレーを制御するときは何らかの駆動回路が必要です。

➔ LED_BUILTIN（オンボードLEDのピン番号）

Arduinoボードにはユーザーが自由に使えるLEDがひとつ載っています。このLEDはピン13に 接続されていることが多いのですが、スケッチに"13"を直接書き込む代わりに`LED_BUILTIN` を使うほうがわかりやすくなります。

➔ 整数の定数

整数の定数は、スケッチのなかで直接用いられる「123」のような数値です。通常、この数値は十 進数の整数ですが、特別な表記方法（フォーマッタ）を使えば、他の基数で入力できます。

基数	例	フォーマッタ	コメント
10（十進数）	123	なし	
2（二進数）	0b1111011	先頭に0b	0と1の文字が使用可能
8（八進数）	0173	先頭に0	0-7の文字が使用可能
16（十六進数）	0x7B	先頭に0x	0-9、A-F、a-fが使用可能

十六進数は0から9までの数字とAからFのアルファベットを用います。Aは10、Bは11で、Fが 15です。

[注意] 数字の頭に（何気なく）0をつけてしまうことで、見つけるのが難しいバグを作り込んでしま うことがあります。数値の頭のゼロは八進数を表します。

Uフォーマッタとしフォーマッタ

uまたはUは、符号なしの数を表します。例：33u
lまたはLは、倍精度の数を表します。例：100000L
ulまたはULは倍精度・符号なしの意味です。例：32767ul

➔ 浮動小数点数の定数

整数と同様に、浮動小数点数の定数もコードを読みやすくします。定数はコンパイル時に評価さ れて、数値に置き換えられます。
浮動小数点数にはいくつかの記法があります。Eやeが指数を表す記号として使えます。

定数の表現	評価された結果
10.0	10
2.34E5	234000
67e-12	.00000000007

[**例**] 次の例は0.005を代入しています。

```
n = .005;
```

変数の応用

❍ 変数のスコープ

Arduinoが使用するC言語には、変数のスコープという概念があります。グローバル（大域的）と
ローカル（局所的）という2つの見え方を考慮することで、プログラムがより安全で分かりやすくな
ります。

グローバル変数はすべての関数から見えます。ローカル変数は、それが宣言された関数の中で
のみ見ることができます。Arduinoでは setup や loopといった関数の外側で宣言された変数
はグローバル変数です。
プログラムが大きく複雑になるほど、関数外からアクセスできないローカル変数の存在が重要と
なります。他の関数が使っている変数を、うっかり変更してしまうようなミスを防ぐことができるわ
けです。
関数だけでなく、forループで使う変数にもスコープは適用されます。for文で宣言した変数は、
その波カッコ内でのみ使用可能です。

[**例**]

```
int gPWMval;   // すべての関数から見える変数

void setup(){
  // ...
}

void loop(){
  int i;     // loop関数の中でだけ見える
```

193

```
float f;   // loop関数の中でだけ見える

for (int j = 0; j <100; j++){
  // 変数jはこの波カッコ内でだけアクセス可能
}
}
```

....

⊃ static

staticキーワードは、ある関数のなかでだけ見える変数を作りたいときに使います。関数が呼ばれるたびに生成と破棄が行われるローカル変数と違い、スタティック変数は持続的で、関数が繰り返し呼ばれる間も値が保存されます。
スタティック変数は、関数が初めて呼ばれたときに一度だけ生成されます。

[例] 線上の2点間をランダムウォークします。変数stepsizeで一度に動く最大量を決めています。スタティック変数の値が乱数によって、上下します。このテクニックは「ピンクノイズ」としても知られています。

```
// RandomWalk
// Paul Badger 2007
#define randomWalkLowRange -20
#define randomWalkHighRange 20
int stepsize;
int thisTime;
int total;

void setup() {
  Serial.begin(9600);
}

void loop() {
  stepsize = 5;
  thisTime = randomWalk(stepsize);
  Serial.println(thisTime);
  delay(10);
}
int randomWalk(int moveSize) {
  static int place;        // 現在位置(staticなので値が持続する)
  place = place + (random(-moveSize, moveSize + 1));
```

```
  if (place < randomWalkLowRange) {
    place = place + (randomWalkLowRange - place);
  } else if(place > randomWalkHighRange) {
    place = place - (place - randomWalkHighRange);
  }

  return place;
}
```

⊃ volatile

volatileは変数を修飾するキーワードで、型宣言の前に付けて、コンパイラが変数を取り扱う方法を変更します。

具体的には、変数をレジスタではなくRAMからロードするよう、コンパイラに指示します。ある条件では、レジスタに記憶された変数の値は不確かだからです。

変数をvolatileとして宣言する必要があるのは、その変数がコントロールの及ばない別の場所（たとえば並行して動作するコード）で変更される可能性があるときです。Arduinoの場合、そうした状況が当てはまるのは、割り込みサービスルーチン（ISR）と呼ばれる、割り込み関連のコードだけです。

[注意]

volatile変数が1バイトより大きい場合（たとえば16ビットintや32ビットlong）、8ビットマイコンでは一度に読むことができません。メインのコードがint変数の最初の8ビットを読んでいる間に、ISRが2番目の8ビットを変更する可能性があるということです。もしそうなると変数の値は予測できません。この問題に対処するためには、noInterrupts()で割り込みを一時的に停止するか、ATOMIC_BLOCKマクロの使用を検討してください。

[例] 割り込みピンの状態が変化したらLEDを反転（トグル）させる例です。

```
int pin = 13;
volatile int state = LOW;

void setup() {
  pinMode(pin, OUTPUT);
  attachInterrupt(0, blink, CHANGE);
}

void loop() {
```

195

```
  digitalWrite(pin, state);
}

void blink() {
  state = !state;
}
```

➲ const

const キーワードは変数の挙動を変える修飾子で、定数を表します。

const は変数を「読み取り専用」にします。つまり、型を持つ変数として使えますが、値は変更できません。const 変数に代入しようとすると、コンパイルエラーが発生します。

const キーワードを付けられた変数も、他の変数と同様にスコープのルールに従います。これが #define より const を使うほうが良い理由です。

［例］const を使用した変数宣言の例です。

```
const float pi = 3.14;
float x;

x = pi * 2;      // const 変数を計算に使うのは可
pi = 7;          // 不可 (コンパイル時にエラーとなります)
```

➲ PROGMEM

Flash メモリ (プログラム領域) にデータを格納するための修飾子です。Arduino Uno の SRAM は小さいため、大きなデータは PROGMEM を使って Flash メモリから読み込みます。

PROGMEM キーワードは変数を宣言するときに使います。pgmspace.h で定義されているデータ型だけを使用してください。PROGMEM は pgmspace.h ライブラリの一部です。よって、このキーワードを使うときは、まず次のようにして、ライブラリをインクルードする必要があります。

```
#include <avr/pgmspace.h>
```

［構文］
```
const dataType variableName[] PROGMEM = {data0, data1,
data3...};

dataType：データ型
```

variableName：配列の名前

PROGMEMキーワードを置く位置は次のどちらかです。

```
const dataType variableName[] PROGMEM = {};
const PROGMEM dataType variableName[] = {};
```

次のようにしてもコンパイルは成功しますが、IDE のバージョンによっては正常に動作しません。

```
dataType PROGMEM variableName[] = {};
```

PROGMEMを単独の変数に対して使うこともできますが、大きなデータを扱うならば配列にするのが一番簡単です。

Flashメモリに書き込んだデータは、pgmspace.hで定義されている専用のメソッド（関数）を使ってRAMに読み込むことで、利用できるようになります。

[**例**] PROGMEMを使って、char型（1バイト）とint型（2バイト）のデータを読み書きする例です。

```
#include <avr/pgmspace.h>

// 整数をいくつか保存
const PROGMEM uint16_t charSet[] =
  { 65000, 32796, 16843, 10, 11234};

// さらに文字を少し
const char signMessage[] PROGMEM
  = {"I AM PREDATOR, UNSEEN COMBATANT."};

unsigned int displayInt;
int k;     // カウンター
char myChar;


void setup() {
  Serial.begin(9600);
  while (!Serial);

  // 整数（int）を読む
  for (k = 0; k < 5; k++) {
    displayInt = pgm_read_word_near(charSet + k);
```

```
    Serial.println(displayInt);
  }
  Serial.println();

  // 文字を読む
  int len = strlen_P(signMessage);
  for (k = 0; k < len; k++) {
    myChar =  pgm_read_byte_near(signMessage + k);
    Serial.print(myChar);
  }

  Serial.println();
}

void loop() {
  // 繰り返し実行する処理
}
```

［例］文字列の配列をFlashメモリに配置する例です。

```
#include <avr/pgmspace.h>
const char string_0[] PROGMEM = "String 0";
const char string_1[] PROGMEM = "String 1";
const char string_2[] PROGMEM = "String 2";
const char string_3[] PROGMEM = "String 3";
const char string_4[] PROGMEM = "String 4";

// 文字列のテーブル
const char* const string_table[] PROGMEM =
  {string_0, string_1, string_2, string_3, string_4};

char buffer[30];  // 最長の文字列を格納するのに十分な大きさ

void setup() {
  Serial.begin(9600);
  while(!Serial);
  Serial.println("OK");
}

void loop() {
```

```
  for (int i = 0; i < 5; i++) {
    // 文字列を送信。strcpy_Pでバッファへコピーしてから使います
    strcpy_P(buffer, (char*)pgm_read_word(&(string_
table[i])));
    Serial.println(buffer);
    delay( 500 );
  }
}
```

⊃ F( )マクロ

Frashメモリの文字列にアクセスするためのマクロです。PROGMEMよりも簡単に、長い文字列を扱うことができます。

[構文]

F("文字列")

[例] Flashメモリから文字列を取得して出力する

```
void setup() {
  Serial.begin(9600);
}

void loop() {
  Serial.print( F("Hello World.") );
  delay(1000);
}
```

⊃ sizeof

sizeof演算子は変数や配列のバイト数を返します。

[構文]

sizeof(variable)

[パラメータ]

variable：変数または配列

[**例**] sizeof演算子は配列に用いると便利です。この例は、文章を1文字ずつプリントアウトします。

```
char myStr[] = "this is a test";
int i;

void setup(){
  Serial.begin(9600);
}

void loop() {
  for (i = 0; i < sizeof(myStr) - 1; i++) {
    Serial.print(i, DEC);
    Serial.print(" = ");
    Serial.write(myStr[i]); // printではなくwriteを使用
    Serial.println();
  }
  delay(5000);
}
```

sizeofが返すのはバイト数です。int型のような、より大きな型を使う場合は次のようにします。

```
for (i = 0; i < (sizeof(myInts)/sizeof(int)) - 1; i++) {
  // myInts[i] を使う処理
}
```

デジタル入出力関数

....

⋑ pinMode (pin, mode)

ピンの動作を入力か出力に設定します。

[**パラメータ**]
　pin：設定したいピンの番号
　mode：INPUT、OUTPUT、INPUT_PULLUP

[戻り値]
　なし

[**例**] LEDが1秒おきに点滅します。

```
void setup() {
  pinMode(13, OUTPUT);      // デジタルピン13を出力に設定
}

void loop() {
  digitalWrite(13, HIGH);   // ピン13をオン
  delay(1000);              // 1000ミリ秒 (1秒) 待つ
  digitalWrite(13, LOW);    // ピン13をオフ
  delay(1000);              // 1000ミリ秒 (1秒) 待つ
}
```

[**補足**] アナログ入力ピンはデジタルピンとしても使えます。その場合もA0、A1、A2……という名前で参照できます。

⊃ digitalWrite (pin, value)

HIGHまたはLOWを、指定したピンに出力します。
指定したピンがpinMode()関数でOUTPUTに設定されている場合は、次の電圧にセットされます。

HIGH = 5V (3.3Vのボードでは3.3V)
LOW = 0V (GND)

指定したピンがINPUTに設定されている場合、HIGHを出力すると内部プルアップ抵抗が有効となりますが、通常はpinMode()でINPUT_PULLUPを指定してください。

[パラメータ]
　pin：ピン番号
　value：HIGHかLOW

[戻り値]
　なし

[**例**] pinMode()を参照。

201

➲ digitalRead (pin)

指定したピンの値を読み取ります。その結果はHIGHまたはLOWとなります。

[パラメータ]

pin：読みたいピンの番号

[戻り値]

HIGHまたはLOW

[例] プッシュスイッチを押している間、LEDが点灯する回路です。入力用のピン（7番ピン）の値を、出力用のピン（13番）と同じにすることで実現しています。

```
int ledPin = 13; // LEDを13番ピンに
int inPin = 7;    // デジタルピン7にプッシュボタン
int val = 0;      // 読み取った値を保持する変数

void setup() {
  pinMode(ledPin, OUTPUT);    // LED用に出力に設定
  pinMode(inPin, INPUT);      // スイッチ用に入力に設定
}

void loop() {
  val = digitalRead(inPin);   // 入力ピンを読む
  digitalWrite(ledPin, val);  // LEDのピンを読み取った値に変更
}
```

[補足] なにも接続していないピンを読み取ると、HIGHとLOWがランダムに現れることがあります。

アナログ入出力関数

○ analogRead (pin)

指定したアナログピンから値を読み取ります。Arduino Unoは6チャネルの10ビットADコンバータを搭載しています（ADはanalog to digitalの略）。これにより、0Vから5Vの入力電圧を0から1023の数値に変換することができます。分解能は1単位あたり4.9mVとなり、この処理は約100μ秒（0.0001秒）かかります。つまり、毎秒1万回が読み取りレートの上限です。

Uno以外のボードには、ADコンバータの数と分解能が異なるものがあります。たとえば、MKRファミリーのボードは7チャネルの12ビットADコンバータを持っていて、電圧範囲は0〜3.3Vです。

［パラメータ］
　pin：読みたいピンの番号

［戻り値］
　0から1023までの整数値
　（12ビットADコンバータ搭載機では0〜4095）

［例］可変抵抗器（ポテンショメータ）のダイアルの位置に連動するLED。指定した閾値を超えると点灯する。

```
int analogPin = 3;  // ポテンショメータのワイパー（中央の端子）をつなぐピン
                    // 両端はGNDと+5Vに接続
int val = 0;   // 読み取った値を格納する変数

void setup() {
  Serial.begin(9600); // シリアル通信の初期化
}

void loop() {
  val = analogRead(analogPin);
  Serial.println(val);
}
```

［補足］何も接続されていないピンに対してanalogReadを実行すると、不安定に変動する値が得られます。これには様々な要因が関係していて、手を近づけるだけでも値が変化します。

....

● analogWrite (pin, value)

指定したピンからアナログ値（PWM波）を出力します。LEDの明るさを変えたいときや、モータの回転スピードを調整したいときに使えます。analogWrite関数が実行されると、次にanalogWriteやdigitalRead、digitalWriteなどがそのピンに対して使用されるまで、安定した矩形波が出力されます。Arduino UnoのPWM信号の周波数は約490Hzです。ただし、5、6番ポートは約980Hzで出力します。この周波数はボードによって異なります。
Unoのように ATmega328Pを搭載している Arduinoボードでは、デジタルピン3、5、6、9、10、11でこの機能が使えます。
MKRファミリーのようにDAコンバータ（DAはdigital to analogの略）を搭載しているボードは、PWMではなく指定した電圧の直流を出力することが可能です。たとえば、Arduino MKR WiFi 1010の場合、A0ピンを指定するとDAコンバータから出力されます。
analogWriteの前にpinMode関数を呼び出して出力に設定する必要はありません。

［パラメータ］
　pin：出力に使うピンの番号
　value：デューティ比（0から255）

valueに0を指定すると、0Vの電圧が出力され、255を指定すると5Vが出力されます。ただし、これは電源電圧が5Vの場合で、3.3Vの電源を使用するボードでは3.3Vが出力されます。つまり、出力電圧の最大値は電源電圧と同じです。

［戻り値］
　なし

［例］ポテンショメータの状態に応じて、LEDの明るさを変えます。

```
int ledPin = 9;      // LEDはピン9に接続
int analogPin = 3;   // アナログピン3にポテンショメータ
int val = 0;
void setup() {
}

void loop() {
  val = analogRead(analogPin);
  // 得たアナログ値を1/4して、0-1023の値を0-255に変換
```

```
    analogWrite(ledPin, val / 4);
}
```

⊃ analogReference(type)

アナログ入力で使われる基準電圧を設定します。`analogRead`関数は入力が基準電圧と同じとき1023を返します。

[パラメータ]
Arduino Unoでは下記の中からひとつを指定します。

`DEFAULT`：電源電圧（5V）が基準電圧となります（デフォルト）。
`INTERNAL`：内蔵基準電圧を用います。ATmega328Pでは1.1Vです。
`EXTERNAL`：AREFピンに供給される電圧（0V〜5V）を基準電圧とします。

MKRファミリーのようにSAMDマイコンを搭載しているボードは複数の内蔵基準電圧を用意しています。

`AR_DEFAULT`：3.3V(デフォルト)
`AR_INTERNAL`：内蔵2.23V基準電圧
`AR_INTERNAL1V0`：内蔵1.0V基準電圧
`AR_INTERNAL1V65`：内蔵1.65V基準電圧
`AR_INTERNAL2V23`：内蔵2.23V基準電圧
`AR_EXTERNAL`：AREFピンに供給される電圧（0〜3.3V）を基準電圧とします。

[戻り値]
なし

[注意] 外部基準電圧を0V未満あるいは5V（電源電圧）より高い電圧に設定してはいけません。AREFピンに外部基準電圧源を接続した場合、`analogRead()`を実行する前に、かならず`analogReference(EXTERNAL)`を実行しましょう。デフォルトの設定のまま外部基準電圧源を使用すると、チップ内部で短絡（ショート）が生じ、Arduinoボードが損傷するかもしれません。5KΩの抵抗器を介して外部基準電圧源をAREFピンに接続する方法があります。これにより内部と外部の基準電圧源を切り替えながら使えるようになります。ただし、AREFピンの内部抵抗（32KΩ）の影響で基準電圧が変化する点に注意してください。5KΩの外付け抵抗と32KΩの内部抵抗によって分圧が生じ、たとえば2.5Vの電圧源を接続したとしても、2.5 * 32 / (32 + 5)により、約2.16VがAREFピンの電圧となります。

［**AREFの使い方**］AREF に供給される電圧が、ADC の最大値（1023）に対応する電圧を決定します。ADC は Analog to Digital Converter の略です。

AREF(pin 21) に何もつながっていない状態がすべての Arduino ボードの標準的な構成です。`analogReference` が DEFAULT に設定されているとき、内部で AVCC と AREF は接続されています。この接続は低インピーダンスなので、DEFAULT 設定のまま（誤って）AREF ピンに電圧をかけてしまうと、ATmega チップがダメージを受けることがあります。これが、AREF ピンに 5KΩ の抵抗器をつなぐほうが良い理由です。

`analogReference(INTERNAL)` を実行することで、AREF ピンはチップ内部で内蔵基準電圧源に接続されます。この設定では基準電圧（1.1V）以上の電圧がアナログ入力ピンにかかったとき、`analogRead` は 1023 を返します。基準電圧未満では比例の関係となり、0.55V で 512 となります。

内蔵基準電圧源と AREF ピンの間の接続は高インピーダンスなので、AREF ピンから 1.1V を読み取ることは難しく、高インピーダンスなマルチメータが必要になるでしょう。INTERNAL 設定のときは、外部の電圧源を（誤って）AREF ピンにつなげてしまったとしてもチップがダメージを受けることはありませんが、1.1V の電圧源は無効となり、ADC の読みは、その外部からの電圧で決定されてしまいます。

外部の基準電圧を使用するときの正しい設定は `analogReference(EXTERNAL)` です。これにより、内部の基準電圧源は両方とも切り離されて、AREF ピンに対して外から供給される電圧を ADC の基準とすることができます。

その他の入出力関数

⮑ tone (pin, frequency)

指定した周波数の矩形波（50% デューティ）を生成します。時間（duration）を指定しない場合は `noTone()` を実行するまで動作を続けます。出力ピンに圧電ブザーやスピーカを接続することで、一定ピッチの音を再生できます。

同時に生成できるのは 1 音だけです。すでに他のピンで `tone()` が実行されている場合、次に実行した `tone()` は効果がありません。先に `noTone()` を実行してください。同じピンに対して `tone()` を実行した場合は周波数が変化します。

31Hz 以下の周波数は生成できません。

この関数はピン 3 と 11 の PWM 出力を妨げます。

［**構文**］
```
tone(pin, frequency)
tone(pin, frequency, duration)
```

[パラメータ]

pin：トーンを出力するピン

frequency：周波数（Hz）

duration：出力する時間をミリ秒で指定できます（オプション）

［戻り値］

なし

↪ noTone (pin)

tone()で開始された矩形波の生成を停止します。tone()が実行されていない場合はなにも起こりません。

[パラメータ]

pin：トーンの生成を停止したいピン

［戻り値］

なし

↪ shiftOut (dataPin, clockPin, bitOrder, value)

1バイト分のデータを1ビットずつ「シフトアウト」します。最上位ビット（MSB）と最下位ビット（LSB）のどちらからもスタートできます。各ビットはまずdataPinに出力され、その後clockPinが反転して、そのビットが有効になったことが示されます。

これは同期シリアル通信として知られ、センサや他のマイコンとのコミュニケーション手段です。2つのデバイスがクロックを共有することで常に同期し、最大限のスピードでやりとりできます。

[パラメータ]

dataPin：各ビットを出力するピン

clockPin：クロックを出力するピン。dataPinに正しい値がセットされたら、このピンが1回反転します

bitOrder：MSBFIRSTまたはLSBFIRSTを指定します。MSBFIRST（Most Significant Bit First）は最上位ビットから送ること、LSBFIRST（Least Significant Bit First）は最下位ビットから送ることを示します。

value：送信したいデータ（byte）

［戻り値］

なし

207

［**補足**］dataPinとclockPinは、あらかじめpinMode関数によって出力（OUTPUT）に設定されている必要があります。

［**例**］int型のデータをLSB firstで送信します。データは2バイトの大きさなので、一度には送れません。ビットシフト演算を用いて1バイトずつ送ります。

```
int data = 500;
shiftOut(data, clock, LSBFIRST, data);    // 2バイトの下位を送信
shiftOut(data, clock, LSBFIRST, (data >> 8));  // 上位バイト
```

74HC595シフトレジスタを使って、8つのLEDを1つずつ順番に光らせます。

```
int latchPin = 8;   // 74HC595のST_CPへ
int clockPin = 12;  // 74HC595のSH_CPへ
int dataPin = 11;   // 74HC595のDSへ

void setup() {
  pinMode(latchPin, OUTPUT);
  pinMode(clockPin, OUTPUT);
  pinMode(dataPin, OUTPUT);
}

void loop() {
  // LED1からLED8までを順に光らせます
  for (int j = 0; j < 7; j++) {
    // 送信中のlatchPinはグランド (LOW) レベル
    digitalWrite(latchPin, LOW);
    // シフト演算を使って点灯するLEDを選択しています
    shiftOut(dataPin, clockPin, LSBFIRST, 1<<j);
    // 送信終了後latchPinをHIGHにする
    digitalWrite(latchPin, HIGH);
    delay(100);
  }
}
```

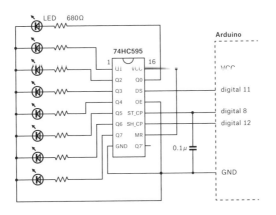

図II-2 シフトレジスタの接続例

ブレッドボードを使った接続の仕方は次のURLで紹介されています。

arduino.cc/en/Tutorial/ShiftOut

➲ shiftIn (dataPin, clockPin, bitOrder)

1バイトのデータを1ビットずつ「シフトイン」します。最上位ビット（MSB）と最下位ビット（LSB）のどちらからもスタートできます。各ビットについて次のように動作します。まず`clockPin`が HIGHになり、`dataPin`から1ビットが読み込まれ、`clockPin`がLOWに戻ります。
クロックの立ち上がりエッジで読み取る場合は、事前に`digitalWrite(clockPin, LOW)`としてピンをローレベルにしておく必要があります。

［パラメータ］

`dataPin`：入力ピン

`clockPin`：クロックを出力するピン

`bitOrder`：`MSBFIRST`または`LSBFIRST`を指定します。

［戻り値］

読み取った値（`byte`）

➲ pulseIn (pin, value, timeout)

ピンに入力されるパルスを検出します。たとえば、パルスの種類（`value`）を HIGHに指定した場合、`pulseIn`関数は入力がHIGHに変わると同時に時間の計測を始め、またLOWに戻ったら、そこまでの時間（つまりパルスの長さ）をマイクロ秒単位で返します。タイムアウトを指定した場合

は、その時間を超えた時点で0を返します。

この関数で計測可能な時間は、経験上、10マイクロ秒から3分です。あまりに長いパルスに対してはエラーとなる可能性があります。

[パラメータ]

pin：パルスを入力するピンの番号

value：測定するパルスの種類。HIGHまたはLOW

timeout（省略可）：タイムアウトまでの時間（単位・マイクロ秒）。デフォルトは1秒（unsigned long）

[戻り値]

パルスの長さ（マイクロ秒）。パルスがスタートする前にタイムアウトとなった場合は0（unsigned long）。

[例] パルスがHIGHになっている時間（duration）を調べます。

```
int pin = 7;
unsigned long duration;
void setup() {
  pinMode(pin, INPUT);
}

void loop() {
  duration = pulseIn(pin, HIGH);
}
```

[TIPS] 長いパルスを正確に測定したいときは、pulseInLong()の使用を検討してください。

時間に関する関数

⮑ millis( )

Arduinoボードがプログラムの実行を開始した時から現在までの時間をミリ秒単位で返します。約50日でオーバーフローし、ゼロに戻ります。

[パラメータ]

　なし

[戻り値]

　実行中のプログラムがスタートしてからの時間（unsigned long）

[例] プログラムがスタートしてからの時間を出力します。

```
unsigned long time;

void setup() {
  Serial.begin(9600);
}

void loop() {
  time = millis();
  Serial.println(time);

  delay(1000);  // 1秒おきに送信
}
```

● micros( )

Arduino ボードがプログラムの実行を開始した時から現在までの時間をマイクロ秒単位で返します。約70分間でオーバーフローし、ゼロに戻ります。16MHz 動作の Arduino ボードでは、この関数の分解能は4マイクロ秒で、戻り値は常に4の倍数となります。8MHz のボード（たとえばLilyPad）では、8マイクロ秒の分解能となります。

1,000マイクロ秒は1ミリ秒、1,000,000マイクロ秒は1秒です。

[パラメータ]

　なし

[戻り値]

　実行中のプログラムが動作し始めてからの時間をマイクロ秒単位で返します（unsigned long）

[例] 起動からの時間（マイクロ秒）をシリアルで送信します。

```
unsigned long time;
```

211

```
void setup() {
  Serial.begin(9600);
}

void loop() {
  time = micros();
  Serial.println(time);
  delay(1000); // 1秒おきに送信
}
```

➋ delay (ms)

プログラムを指定した時間だけ止めます。単位はミリ秒です（1,000ミリ秒=1秒）。

［パラメータ］

ms：一時停止する時間 (unsigned long)。単位はミリ秒

このパラメータは unsigned long 型です。32767より大きい整数を指定するときは、値の後ろに UL を付け加えます。例：delay(60000UL);

［戻り値］

なし

［例］ 0.5秒間 LED を点灯させます。

```
digitalWrite(ledPin, HIGH);
delay(500);
digitalWrite(ledPin, LOW);
```

［補足］ delay 関数は便利ですが、欠点もあります。delay() が動いている間は他の計算、センサの読み取り、ピン状態の変更といった処理ができないのです。ただし、PWM 出力、シリアル通信の受信処理、外部割り込みなどは delay() が処理を止めている間も有効です。

➋ delayMicroseconds (us)

プログラムを指定した時間だけ一時停止します。単位はマイクロ秒です。数千マイクロ秒を超える場合は delay 関数を使ってください。現在の仕様では、16383マイクロ秒以内の値を指定したとき、正確に動作します。この仕様は将来のリリースで変更されるはずです。

［パラメータ］

us：一時停止する時間。単位はマイクロ秒。1マイクロ秒は1ミリ秒の1/1000（unsigned int）

［戻り値］

なし

［例］1周期が100マイクロ秒のパルスでLEDを点灯させます。

```
int outPin = 13;                    // LEDはピン13に接続

void setup() {
  pinMode(outPin, OUTPUT);          // 出力として使用
}
void loop() {
  digitalWrite(outPin, HIGH);       // LEDを点灯
  delayMicroseconds(50);            // 50us停止
  digitalWrite(outPin, LOW);        // LEDをオフ
  delayMicroseconds(50);            // もういちど50us待つ
}
```

［補足］この関数は3マイクロ秒以上のレンジではとても正確に動作します。それより短い時間での正確さは保証できません。

数学的な関数

min()、max()、abs()、constrain()の各関数は実装の都合により、カッコ内で関数を使ったり変数を操作することができません。たとえば、min(a++, 100)とすると正しい答が得られません。かわりに、次のようにしてください。

```
a++;
min(a, 100);
```

◑ min(x, y)

2つの数値のうち、小さいほうの値を返します。

213

  x：1つ目の値

  y：2つ目の値

［戻り値］

  小さいほうの数値

［例］ センサの値（sensVal）が100を超えているときは、100を返します。

```
sensVal = min(sensVal, 100);
```

➲ max(x, y)

2つの数値のうち、大きいほうの値を返します。

［パラメータ］

  x：1つ目の値

  y：2つ目の値

［戻り値］

  大きいほうの数値

［例］ センサの値（sensVal）が100より小さいときは、100を返します。

```
sensVal = max(sensVal, 100);
```

➲ abs(x)

絶対値を計算します。

［パラメータ］

  x：数値

［戻り値］

  xが0以上のときは、xをそのまま返し、xが0より小さいときは、-xを返します。

➲ constrain (x, a, b)

数値を指定した範囲のなかに収めます。

[パラメータ]

  x：計算対象の値
  a：範囲の下限
  b：範囲の上限

[戻り値]

  xがa以上b以下のときはxがそのまま返ります。xがaより小さいときはa、bより大きいときは
  bが返ります。

[例] センサの値（sensVal）を10以上、150以下の範囲に収めます。はじめから10以上、150
以下の場合は、変更されません。

```
sensVal = constrain(sensVal, 10, 150);
```

➲ map (value, fromLow, fromHigh, toLow, toHigh)

数値をある範囲から別の範囲に変換します。fromLowと同じ値を与えると、toLowが返り、
fromHighと同じ値ならtoHighとなります。その中間の値は、2つの範囲の大きさの比に基づ
いて計算されます。
そのほうが便利な場合があるので、この関数は範囲外の値も切り捨てません。ある範囲のなかに
収めたい場合は、constrain関数と併用してください。
範囲の下限を上限より大きな値に設定できます。そうすると値の反転に使えます。例：y =
map(x, 1, 50, 50, 1);
範囲を指定するパラメータに負の数を使うこともできます。例：y = map(x, 1, 50, 50,
-100);
map関数は整数だけを扱います。計算の結果、小数が生じる場合、小数部分は単純に切り捨て
られます。

[パラメータ]

  value：変換したい数値
  fromLow：現在の範囲の下限
  fromHigh：現在の範囲の上限
  toLow：変換後の範囲の下限
  toHigh：変換後の範囲の上限

[戻り値]
変換後の数値(long)

[例] アナログ入力の10ビットの値を8ビットに丸めます。

```
void setup() {}

void loop() {
  int val = analogRead(0);
  val = map(val, 0, 1023, 0, 255);
  analogWrite(9, val);
}
```

[補足] どのような計算が行われているか気になる人は次のソースを見てください。

```
long map(long x, long in_min, long in_max, long out_min, long
out_max) {
  return (x - in_min) * (out_max - out_min) / (in_max - in_
min) + out_min;
}
```

➲ pow (base, exponent)

べき乗の計算をします。小数も使えます。指数関数的な値や曲線が必要なときに便利です。

[パラメータ]
base:底となる数値(float)
exponent:指数となる数値(float)

[戻り値]
べき乗の計算の結果(double)

[例] 10の1.5乗を計算します。

```
a = pow(10, 1.5); // 結果は約31
```

● sqrt (x)

平方根を求めます。

[パラメータ]

　x：数値

[戻り値]

　平方根（double）

三角関数

● sin(rad)

正弦（sine）を計算します。角度の単位はラジアンで、結果は-1から1の範囲です。

[パラメータ]

　rad：角度（float）

[戻り値]

　正弦の値（double）

三
角
関
数

● cos (rad)

余弦（cosine）を計算します。角度の単位はラジアンで、結果は-1から1の範囲です。

[パラメータ]

　rad：角度（float）

[戻り値]

　余弦の値（double）

⊃ tan (rad)

正接（tangent）を計算します。角度の単位はラジアンです。

[パラメータ]
　rad：角度（float）

[戻り値]
　正接を表す数値（double）

乱数に関する関数

⊃ randomSeed (seed)

randomSeed関数は疑似乱数ジェネレータを初期化して、乱数列の任意の点からスタートします。この乱数列はとても長いものですが、常に同一です。
random関数がスケッチを実行するたびに異なった乱数列を発生することが重要な場合、未接続のピンをanalogReadした値のような、真にランダムな数値と組み合わせてrandomSeedを実行してください。
逆に、疑似乱数が毎回同じ数列を作り出す性質を利用する場合は、randomSeedを毎回同じ値で実行してください。

[パラメータ]
　seed：乱数の種となる数値（long）

[戻り値]
　なし

[例] アナログ入力の値を使って乱数を初期化します。

```
long randNumber;

void setup() {
  Serial.begin(9600);
  randomSeed(analogRead(0));  // 未接続ピンのノイズを利用
```

```
}
void loop() {
  randNumber = random(300);
  Serial.println(randNumber);
  delay(50);
}
```

···

● random (min, max)

疑似乱数を生成します。

［パラメータ］
min：生成する乱数の下限。省略可能
max：生成する乱数の上限

［戻り値］
minからmax-1の間の整数（long）

［例］下限を指定しない例と、する例を示します。

```
long randNumber;

void setup(){
  Serial.begin(9600);
  randomSeed(analogRead(0));
}

void loop() {
  randNumber = random(300); // 0から299の乱数を生成
  Serial.println(randNumber);

  randNumber = random(10, 20); // 10から19の乱数を生成
  Serial.println(randNumber);

  delay(50);
}
```

219

外部割り込み

··

● attachInterrupt(interrupt, function, mode)

外部割り込みが発生したときに実行する関数を指定します。すでに指定されていた関数は置き換えられます。呼び出せる関数は引数と戻り値が不要なものだけです。

割り込みを検出するピンはボードによって異なります。Arduino Uno はピン 2 と 3 のどちらかが使えます。MKR ファミリーは 0、1、4、5、6、7、8、9、A1、A2 の 10 本が有効で、Nano Every はすべてのピンが割り込み対応です。

気をつけてほしいのは、この関数はパラメータとしてピン番号ではなく割り込み番号を必要とする点です。たとえば、Uno のピン 2 は割り込み番号 0 (int0) ですから、2 ではなく 0 が正しいパラメータです。この変換は煩雑なので、digitalPinToInterrupt(pin) という専用の関数を使用しましょう。この関数はピン番号を割り込み番号に変換してくれます。

[パラメータ]

interrupt：割り込み番号
function：割り込み発生時に呼び出す関数の名前

mode：割り込みを発生させるトリガ
LOW：ピンが LOW のとき発生
CHANGE：ピンの状態が変化したときに発生
RISING：ピンの状態が LOW から HIGH に変わったときに発生
FALLING：ピンの状態が HIGH から LOW に変わったときに発生

[戻り値]

なし

[補足] attachInterrupt で指定する関数のなかでは次の点に気を付けてください。

- delay 関数は機能しません。
- millis 関数の戻り値は増加しません。
- シリアル通信により受信したデータは、失われる可能性があります。
- 割り当てた関数のなかで値が変化する変数には volatile を付けて宣言します。

[割り込みの使い方] 割り込みはプログラムのなかで物事が自動的に発生するようにしたいときに便利です。また、タイミングの問題を解決してくれます。割り込みに適したタスクは、ロータリエンコーダの読み取りやユーザーの入力の監視などです。

割り込みを使わずにロータリエンコーダからのパルスを漏らさず受け取ろうとすると、入力を監視するトリッキーな処理が必要です。サウンドセンサでクリック音を検知したり、フォトインタラプタでコインが落ちるのを検出するときも同様です。そうした処理を実装するとき、割り込みを使えば、他の処理を実行しながら突然発生するイベントに対処することができます。

[例] ピン2の状態の変化に合わせてLEDを点滅させます。

```
const byte ledPin = 13;
const byte interruptPin = 2;
volatile byte state = LOW;        // volatileをつけて宣言

void setup() {
  pinMode(ledPin, OUTPUT);
  pinMode(interruptPin, INPUT_PULLUP);
  // ピン番号から割り込み番号への変換には専用の関数を使用
  attachInterrupt(digitalPinToInterrupt(interruptPin), blink,
CHANGE);
}

void loop() {
  digitalWrite(ledPin, state);
}

// 割り込みサービスルーチン (ISR)
void blink() {
  state = !state;
}
```

ᕳ detachInterrupt (interrupt)

指定した割り込みを停止します。

[パラメータ]

interrupt：停止したい割り込みの番号
ピン番号と割り込み番号が異なるボードが多く間違いやすいので、digitalPinToInterrupt() を使ってピン番号を割り込み番号に変換することが推奨されています。

221

割り込み

⮑ interrupts ( )

noInterrupts関数によって停止した割り込みを有効にします。割り込みはデフォルトで有効とされ、バックグラウンドで重要なタスクを処理します。いくつかの機能は割り込みが無効の間は動作しません。たとえば、シリアル通信の受信データが無視されることがあります。割り込みはコードのタイミングを若干乱すので、クリティカルなセクションでは無効にしたほうがいいかもしれません。

[パラメータ]
なし

[戻り値]
なし

⮑ noInterrupts ( )

割り込みを無効にします。interrupts関数でまた有効にできます。

[パラメータ]
なし

[戻り値]
なし

[例]

```
void setup() {}

void loop() {
  noInterrupts();
  // 時間に敏感で重要なコードはここに
  interrupts();
  // 通常のコード
}
```

シリアル通信

他のコンピュータやデバイスと通信するために、どのボードにも最低1つのシリアルポートが用意されています。Arduino Unoではピン0と1がシリアルポートのピンで、この2ピンを通信に使用している間は、デジタル入出力として使うことはできません。
Arduino IDEはシリアルモニタを備えていて、Arduinoボードが送信したメッセージを表示したり、逆にIDEからボードへメッセージを送信することができます。

➲ Serial.begin (speed)

シリアル通信のデータ転送レートをbps(baud)で指定します。bpsはビット/秒です。コンピュータと通信する際は、次のレートから1つを選びます。
300、1200、2400、4800、9600、14400、19200、28800、38400、57600、115200

他の転送レートを必要とするコンポーネントをピン0と1につないで使う場合、上記以外の値を指定することも可能です。

［パラメータ］
　speed：転送レート（int）

［戻り値］
　なし

［例］

```
void setup() {
  Serial.begin(9600);  // 9600bpsでポートを開く
}
```

［補足］Serial.begin(9600, SERIAL_7E1)のように2つ目のパラメータでデータ長、パリティの有無、ストップビットを設定することができます。デフォルトは8bit、パリティなし、1ストップビット（SERIAL_8N1）です。詳しい設定方法についてはIDE付属のリファレンスを参照してください。

⊃ Serial.end( )

シリアル通信を終了し、RXとTXを汎用の入出力ピンとして使えるようにします。再度シリアル通信を有効にしたいときは、Serial.begin() をコールしてください。

[パラメータ]
　なし

[戻り値]
　なし

⊃ Serial.available( )

シリアルポートに何バイトのデータが到着しているかを返します。すでにバッファに格納されているバイト数で、バッファは64バイトまで保持できます。

[パラメータ]
　なし

[戻り値]
　シリアルバッファにあるデータのバイト数を返します

[例] データを受信し、それをそのまま送信する例です。

```
int incomingByte = 0;   // 受信データ用

void setup() {
  Serial.begin(9600);   // 9600bpsでシリアルポートを開く
}

void loop() {
  if (Serial.available() > 0) { // 受信したデータが存在する
    incomingByte = Serial.read(); // 受信データを読み込む

    Serial.print("I received: "); // 受信データを送りかえす
    Serial.println(incomingByte, DEC);
  }
}
```

⊃ Serial.read( )

受信データを読み込みます。

［パラメータ］

なし

［戻り値］

読み込み可能なデータの最初の1バイトを返します。-1の場合は、データが存在しません（int）。

⊃ Serial.flush( )

データの送信がすべて完了するまで待ちます。
（Arduino 1.0より前のバージョンでは受信バッファをクリアする仕様でした）

［パラメータ］

なし

［戻り値］

なし

⊃ Serial.print (data, format)

人が読むことのできる形式（ASCIIテキスト）でデータをシリアルポートへ出力します。
この命令は多くの形式に対応しています。数値は1桁ずつ ASCII 文字に変換されます。浮動小数点数の場合は、小数点以下第2位まで出力するのがデフォルトの動作です。バイト型のデータは1文字として送信されます。文字列はそのまま送信されます。

- Serial.print(78) - "78" が出力されます。
- Serial.print(1.23456) - "1.23" が出力されます。
- Serial.print('N') - "N" が出力されます。
- Serial.print("Hello world.") - "Hello world." と出力されます。

オプションの第2パラメータによって基数（フォーマット）を指定できます。BIN（2進数）、OCT（8進数）、DEC（10進数）、HEX（16進数）に対応しています。浮動小数点数を出力する場合は、第2パラメータの数値によって有効桁数を指定できます。

- Serial.print(78, BIN) - "1001110"が出力されます。
- Serial.print(78, OCT) - "116"が出力されます。
- Serial.print(78, DEC) - "78"が出力されます。
- Serial.print(78, HEX) - "4E"が出力されます。
- Serial.println(1.23456, 0) - "1"が出力されます。
- Serial.println(1.23456, 2) - "1.23"が出力されます。
- Serial.println(1.23456, 4) - "1.2346"が出力されます。

［構文］
```
Serial.print(val)
Serial.print(val, format)
```

［パラメータ］
val：出力する値。すべての型に対応しています。
format：基数または有効桁数（浮動小数点数の場合）

［戻り値］
送信したバイト数（long）

［例］様々なフォーマットでデータを送信します。

```
void setup() {
  Serial.begin(9600);        // 9600bpsでシリアルポートを開く
}

void loop() {
  Serial.print("NO FORMAT");        // 文字列を送信
  Serial.print("\t");               // タブを送信
  Serial.print("DEC");
  Serial.print("\t");
  Serial.print("HEX");
  Serial.print("\t");
  Serial.print("OCT");
  Serial.print("\t");
  Serial.print("BIN");
  Serial.print("\t");

  for(int x=0; x< 64; x++){        // ASCIIコード表を出力
    Serial.print(x);                // ASCIIコードを十進数で出力
    Serial.print("\t");
```

```
    Serial.print(x, DEC);      // ASCIIコードを十進数で出力
    Serial.print("\t");
    Serial.print(x, HEX);      // ASCIIコードを十六進数で出力
    Serial.print("\t");
    Serial.print(x, OCT);      // ASCIIコードを八進数で出力
    Serial.print("\t");
    Serial.println(x, BIN);    // ASCIIコードを二進数で出力し改行
    delay(200);
  }
  Serial.println("");          // 改行
}
```

[**TIPS**] Arduino1.0から`Serial.print()`は非同期化され、送信が完了する前にリターンされます。

....

⊃ Serial.println(data, format)

データの末尾にキャリッジリターン（ASCIIコード13あるいは'\r'）とニューライン（ASCIIコード10あるいは'\n'）を付けて送信します。このコマンドは`Serial.print()`と同じフォーマットが使えます。

[**パラメータ**]

data：すべての整数型と`String`型
format：`data`を変換する方法を指定します（省略可）

[**戻り値**]

送信したバイト数（byte）

[**例**]アナログ入力の値を様々なフォーマットで送信します。この例ではデータごとに改行されます。

```
// Analog input
// by Tom Igoe

int analogValue = 0;   // アナログ値を格納する変数

void setup() {
  Serial.begin(9600);  // シリアルポートを9600bpsで開く
}
```

227

```
void loop() {
  analogValue = analogRead(0);  // アナログピン0から読み取る

  Serial.println(analogValue);
  Serial.print(analogValue, DEC);
  Serial.println(analogValue, HEX);
  Serial.println(analogValue, OCT);
  Serial.println(analogValue, BIN);
  delay(10);
}
```

Ə Serial.write (val)

シリアルポートにバイナリデータを出力します。1バイトずつ、あるいは複数バイトの送信が可能です。
（数値を表す）文字として送信したい場合は、print() を使ってください。

[構文]
```
Serial.write(val)
Serial.write(str)
Serial.write(buf, len)
```

[パラメータ]
```
val：送信する値（1バイト）
str：文字列（複数バイト）
buf：配列として定義された複数のバイト
len：配列の長さ
```

[戻り値]
送信したバイト数 (byte)

[例]

```
void setup() {
  Serial.begin(9600);
}

void loop() {
  Serial.write(45);  // 1バイトのデータ (45) を送信
```

```
    int n = Serial.write("hello");
}
```

⊃ Serial.readString( )

シリアルバッファに入ってきた文字列を String として読み込みます。この関数はタイムア
ウト (時間切れ) になると終了します。タイムアウトのデフォルトは1000ミリ秒で、この値は
Serial.setTime() 関数で変更可能です。また、指定した文字コードを受信すると終了する
Serial.readStringUntil という関数も用意されています。

[例] シリアル通信経由でLEDのオンオフ

```
void setup() {
  Serial.begin(9600);
  Serial.setTimeout(2000);   // タイムアウトは2000ミリ秒 (2秒)
  pinMode(LED_BUILTIN, OUTPUT);
}

void loop() {
  Serial.println("LED on or off ?");   // シリアルモニタへ送信

  // 返答を受信 (タイムアウトまで待つ)
  String str = Serial.readString();

  str.trim();  // 文字列のなかの空白や改行コードなどを除去
  if (str == "on") {   // シリアルモニタから "on" が来たらLED点灯
    Serial.println("LED on");
    digitalWrite(LED_BUILTIN, HIGH);
  } else if (str == "off") { // "off"なら消す (それ以外は無視)
    Serial.println("LED off");
    digitalWrite(LED_BUILTIN, LOW);
  }
}
```

229

ライブラリ

ライブラリは Arduino 言語を拡張するソフトウェア集です。多くの開発者が、便利なライブラリを
開発し、公開してくれています。ここでは Arduino IDE に付属している標準ライブラリから、一部
のよく使うものを解説します。標準ライブラリの他にも、有志の手で開発されたたくさんのライブラ
リが存在します。

ライブラリの使い方

インストール済みのライブラリを使用するときは、[スケッチ]メニューの[ライブラリをインクルー
ド...]を実行し、表示されたリストから目的のライブラリを選択します。すると、#include 文が
スケッチの先頭に挿入され、ライブラリが使用可能になります。#include 文は自分で入力して
もかまいません。
ライブラリはスケッチとともにコンパイルされ、Arduino ボードへアップロードされるため、メモリ
が消費されます。必要としないライブラリの #include 文は削除してください。

EEPROM

Arduino ボードが搭載するマイクロコントローラは EEPROM と呼ばれるメモリを持っています。
EEPROM は（まるで小さなハードディスクのように）電源を切っても内容が消えません。その容量
は機種によって異なり、Arduino Uno の ATmega328P は 1024 バイト、Nano Every は 256 バイ
トです。
MKR ファミリーなどの SAMD チップは EEPROM を内蔵していないため、不揮発性の記憶エリ
アを使いたい場合は別の方法が必要です。
このライブラリは EEPROM に対する書き込みと読み込みを可能にします。

....

➲ EEPROM.read (address)

EEPROM から 1 バイト読み込みます。

［パラメータ］
　address：読み取る位置。0以上の値（int）

［戻り値］
　指定したアドレスの値（byte）

［例］EEPROMの値を0番地から順に1バイトずつ読み取り、シリアルで送信します。

```
#include <EEPROM.h>

int a = 0;
int value;

void setup() {
  Serial.begin(9600);
}

void loop() {
  value = EEPROM.read(a);

  Serial.print(a);
  Serial.print("\t");
  Serial.print(value);
  Serial.println();

  a = a + 1;
  if (a == 512) a = 0;

  delay(500);
}
```

◐ EEPROM.write (address, value)

EEPROMに1バイト書き込みます。

［パラメータ］
　address：書き込む位置。0以上の値（int）
　value：書き込む値。0から255（byte）

231

なし

［**例**］EEPROMのアドレス0〜511に、アドレスと同じ値を書き込みます。

```
#include <EEPROM.h>

void setup() {
  for (int i = 0; i < 512; i++)
    EEPROM.write(i, i);
}

void loop() {}
```

［**補足**］EEPROMへの書き込みには3.3ミリ秒かかります。
EEPROMの書込／消去は100,000回で寿命に達します。頻繁に書き込みを行う場合は注意して
ください。

SoftwareSerial

ソフトウェアシリアルライブラリはArduinoボードの0〜1番以外のピンを使ってシリアル通信を
行うために開発されました。本来ハードウェアで実現されている機能をソフトウェアによって複製
したので、SoftwareSerialと名付けられました。

➋ ソフトウェアシリアルのサンプルコード

［**例**］ソフトウェアシリアルのごく基本的な使用例です。ピン10で受信し、ピン11から送信します。
Arduino Uno以外のボードでは、使用できるピンが異なります。

```
#include <SoftwareSerial.h>

#define rxPin 10
#define txPin 11

SoftwareSerial mySerial =  SoftwareSerial(rxPin, txPin);
```

```
void setup()  {
    pinMode(rxPin, INPUT);
    pinMode(txPin, OUTPUT);
    mySerial.begin(9600);
}

void loop() {
    if (mySerial.available() > 0) {
        mySerial.read();
    }
}
```

● SoftwareSerial (rxPin, txPin)

SoftwareSerial(rxPin, txPin) をコールすると、新しいSoftwareSerialオブ
ジェクトが作成されます。上記の例のように、そのオブジェクトに名前を付ける必要があります。
SoftwareSerial.begin() を実行することも必要です。

[パラメータ]
　rxPin：データを受信するピン
　txPin：データを送信するピン

● SoftwareSerial: begin (speed)

シリアル通信のスピード（ボーレート）を設定します。サポートされているのは次の値です。
300、1200、2400、4800、9600、14400、19200、28800、31250、38400、57600、115200

[パラメータ]
　speed：ボーレート（long）

[戻り値]
　なし

● SoftwareSerial: available ( )

ソフトウェアシリアルポートのバッファに何バイトのデータが到着しているかを返します。

233

［パラメータ］

　なし

［戻り値］

　バッファにあるデータのバイト数を返します

➔ SoftwareSerial: isListening ( )

ソフトウェアシリアルポートが受信状態にあるかを調べます。

［パラメータ］

　なし

［戻り値］

　受信状態ならば true (boolean)

➔ SoftwareSerial: overflow ( )

バッファのオーバーフローが発生していないかを調べます。ソフトウェアシリアルのバッファサイズは64バイトです。

［パラメータ］

　なし

［戻り値］

　オーバーフロー発生ならば true (boolean)

➔ SoftwareSerial: read ( )

受信した文字を返します。同時に複数の SoftwareSerial で受信することはできません。listen ( ) を使って、ひとつ選択する必要があります。

［パラメータ］

　なし

［戻り値］

　読み込んだ文字（データがないときは -1）

⮕ SoftwareSerial: print (data)

ソフトウェアシリアルポートに対してデータを出力します。Serial.print()と同じ機能です。

［パラメータ］

多くの種類があります。Serial.print()の項を参照してください。

［戻り値］

送信したバイト数（byte）

⮕ SoftwareSerial: println (data)

ソフトウェアシリアルポートに対してデータを出力します。Serial.println()と同じ機能です。

［パラメータ］

多くの種類があります。Serial.println()の項を参照してください。

［戻り値］

送信したバイト数（byte）

⮕ SoftwareSerial: listen ( )

指定したソフトウェアシリアルポートを受信状態（listen）にします。同時に複数のポートを受信状態にすることはできません。

［パラメータ］

なし

［戻り値］

なし

⮕ SoftwareSerial: write (data)

ソフトウェアシリアルポートに対してデータを出力します。Serial.write()と同じ機能です。

Serial.write() の項を参照してください。

［戻り値］

送信したバイト数 (byte)

Servo

このライブラリはホビー用サーボモータ（RCサーボ）の制御に用います。標準的なサーボモーターに対しては0から180度の範囲でシャフトの位置（角度）を指定することができ、連続回転（continuous rotation）タイプのサーボモーターに対しては回転スピードを設定します。
Servoライブラリはほとんどの Arduino ボードで最大12個のサーボモーターをサポートします。実行中、Arduino Uno ではピン9と10のPWMが無効となります。

....

⮑ attach (pin)

サーボ変数をピンに割り当てます。

［構文］

```
servo.attach(pin)
servo.attach(pin, min, max)
```

［パラメータ］

servo：Servo型の変数
pin：サーボを割り当てるピンの番号
min（オプション）：サーボの角度が0度のときのパルス幅（マイクロ秒）。デフォルトは544
max（オプション）：サーボの角度が180度のときのパルス幅（マイクロ秒）。デフォルトは2400

....

⮑ write (angle)

サーボの角度をセットし、シャフトをその方向に向けます。
連続回転（continuous rotation）タイプのサーボでは、回転のスピードが設定されます。0にするとフルスピードで回転し、180にすると反対方向にフルスピードで回転します。90のときは停止します。

[パラメータ]

  servo：Servo型の変数

  angle：サーボに与える値（0から180）

[例] ピン9に接続されたサーボを90度にセットします。

```
#include <Servo.h>

Servo myservo;

void setup() {
  myservo.attach(9);
  myservo.write(90);
}

void loop() {}
```

➔ writeMicroseconds (uS)

サーボに対しマイクロ秒単位で角度を指定します。標準的なサーボでは、1000で反時計回りにいっぱいまで振れます。2000で時計回りいっぱいです。1500が中間点の値です。

製品によっては、この範囲に収まらず700〜2300といった値を取るものもあります。パラメータを増減させて端の位置を確認するのはかまいませんが、サーボから唸るような音がしたら、それ以上回すのはやめておきましょう。

連続回転タイプのサーボでは、write()関数と同様に作用します。

[パラメータ]

  uS：マイクロ秒（int）

[戻り値]

  なし

➔ read ( )

現在のサーボの角度（最後にwriteした値）を読み取ります。

[パラメータ]

  なし

➲ attached ( )

ピンにサーボが割り当てられているかチェックします。

［パラメータ］
なし

［戻り値］
サーボが割り当てられているときは true、そうでなければ false を返します。

➲ detach ( )

ピンを解放します。すべてのサーボを解放すると、ピン9とピン10をPWM出力として使えるようになります。

［パラメータ］
なし

［戻り値］
なし

Stepper

ユニポーラおよびバイポーラのステッパモータをコントロールするためのライブラリです。このライブラリを利用するには、ステッパモータと制御のための適切なハードウェアが必要です。

➲ Stepperライブラリのサンプルコード

［例］アナログ入力0に接続されたポテンショメータの回転に追随して、ステッパモータが回ります。ピン8、9、10、11に接続された、ユニポーラまたはバイポーラのモータをコントロールします。

```
#include <Stepper.h>

#define STEPS 100          // 使用するモータのステップ数

// ピン番号を指定して、stepperクラスのインスタンスを生成
Stepper stepper(STEPS, 8, 9, 10, 11);

int previous = 0;          // アナログ入力の前回の読み

void setup() {
  stepper.setSpeed(30);                // スピードを30RPMに
}

void loop() {
  int val = analogRead(0);        // センサの値を取得
  stepper.step(val - previous);   // センサが変化した量だけ動かす
  previous = val;         // センサの値を残しておく
}
```

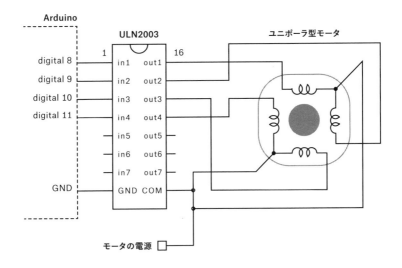

図II-3 ステッパモータの接続例

⟳ Stepper (steps, pin1, pin2, pin3, pin4)

この関数は、Arduinoボードに接続されているステッパモータを表す`Stepper`クラスのインスタンスを新たに生成します。スケッチの先頭部分、`setup()`と`loop()`より上で使ってください。パラメータの数は接続したモータが2ピンか4ピンかによります。

［パラメータ］

`steps`：1回転あたりのステップ数（`int`）。数値がステップごとの角度で与えられている場合は、360をその数値で割ってください。例：360/3.6で100ステップ

`pin1`、`pin2`：モータに接続されているピンの番号
`pin3`、`pin4`：（オプション）4ピンのモータの場合

［戻り値］

作成されたインスタンス

［例］

```
Stepper myStepper = Stepper(100, 5, 6);
```

⟳ Stepper: setSpeed (rpms)

モータの速さを毎分の回転数（RPM）で設定します。この関数はモータを回転させることはありません。`step()`をコールしたときのスピードをセットするだけです。

［パラメータ］

`rpms`：スピード。1分間あたり何回転するかを示す正の数（`long`）

［戻り値］

なし

⟳ Stepper: step (steps)

`setSpeed()`で設定した速さで、指定したステップ数だけモータを回します。この関数はモータが止まるのを待ちます。もし、スピードを1RPMに設定した状態で、100ステップのモータに対して`step(100)`とすると、この関数が終了するまでまるまる1分間かかります。上手にコントロー

ルするためには、スピードを大きく設定し、数ステップずつ動かしたほうがいいでしょう。

［パラメータ］

steps：モータが回転する量（ステップ数）。負の値を指定することで逆回転も可能です（int）

［戻り値］

なし

Wire

このライブラリはI2C(TWI)デバイスとの通信を可能にします。Arduino Uno R3のレイアウトでは、SDA（データ）とSCL（クロック）という2つのピンがAREFの隣にあり、このピンにI2Cデバイスを接続することができます。汎用ピンにもSDAとSCLが割り当てられていることがあります。Unoの場合はA4（SAD）とA5（SCL）を使用することも可能です。ピン配置はボードによって異なります。SDAとSCLというピン名を探してください。

［補足］I2Cアドレスには7ビットと8ビットのバージョンがあります。7ビットでデバイスを特定し、8番目のビットで書き込みか読み出しかを指定します。Wireライブラリは常に7ビットのアドレスを使用するので、8ビットアドレスを使うサンプルコードやデータシートを利用する場合は、最下位のビットを（1ビットの右シフトで）落とし、0から127の範囲へ変更することになるでしょう。Wireライブラリのバッファサイズは32バイトです。1回の通信で32バイトを超えると、超過分は欠落します。ArduinoでのI2Cの典型的な使い方については下記の解説ページが参考になります。
https://docs.arduino.cc/learn/communication/wire

⤷ Wire.begin (address)

Wireライブラリを初期化し、I2Cバスにコントローラかペリフェラルとして接続します。

［パラメータ］

address：7ビットのアドレス。省略時はコントローラとしてバスに接続します。

［戻り値］

なし

● Wire.requestFrom (address, quantity, stop)

他のデバイスにデータを要求します。そのデータは`available()`と`read()`を使って取得します。Arduino1.0.1で3つ目のパラメータ（省略可）が追加され、一部のI2Cデバイスとの互換性が高まりました。

［パラメータ］

　`address`：データを要求するデバイスのアドレス（7ビット）

　`quantity`：要求するデータのバイト数

　`stop`（省略可）：`true`に設定すると`stop`メッセージをリクエストのあと送信し、I2C バスを開放します（デフォルト）。`false`に設定すると`restart`メッセージをリクエストのあと送信し、バスを開放しないことで他のマスタデバイスがメッセージ間にリクエストを出すのを防ぎます。

［戻り値］

　なし

● Wire.beginTransmission (address)

指定したアドレスのI2Cペリフェラルに対して送信処理を始めます。この関数の実行後、`write()`でデータをキューへ送り、`endTransmission()`で送信を実行します。

［パラメータ］

　`address`：送信対象のアドレス（7ビット）

［戻り値］

　なし

● Wire.endTransmission (stop)

スレーブデバイスに対する送信を完了します。
Arduino1.0.1で`stop`パラメータ（省略可）が追加され、一部のI2Cデバイスとの互換性が高まりました。

［パラメータ］

　`stop`（省略可）：`true`に設定すると`stop`メッセージをリクエストのあと送信し、I2C バスを開放します（デフォルト）。`false`に設定すると`restart`メッセージをリクエストのあと送信し、コネクションを維持します。

0：成功

1：送ろうとしたデータが送信バッファのサイズを超えた

2：アドレスを送信し、NACKを受信した

3：データを送信し、NACKを受信した

4：その他のエラー

5：タイムアウト

⊃ Wire.write (value)

ペリフェラルがコントローラからのリクエストに応じてデータを送信するときと、コントローラがペリフェラルへ送信するデータをキューに入れるとき使用します。beginTransmission()とendTransmission()の間で実行します。

［構文］
```
Wire.write(value)
Wire.write(string)
Wire.write(data, length)
```

［パラメータ］

value：送信する1バイトのデータ(byte)

string：文字列

data：配列

length：送信するバイト数

［戻り値］

送信したバイト数(byte)

［例］ I2Cデバイスに対して送信する例です。使用するデバイスのアドレスはデータシートで確認が必要です（この例では44 = 0x2c）。

```
#include <Wire.h>

byte val = 0;

void setup() {
  Wire.begin(); // I2Cバスに接続
}
```

Wire

243

```
void loop() {
  Wire.beginTransmission(44);  // アドレス44 (0x2c) のデバイスに送信
  Wire.write(val);              // 1バイトをキューへ送信
  Wire.endTransmission();       // 送信完了

  delay(500);
}
```

➔ Wire.available ( )

read () で読み取ることができるバイト数を返します。コントローラでは requestFrom () が呼ばれた後、ペリフェラルでは onReceive () ハンドラの中で実行します。

[パラメータ]
なし

[戻り値]
読み取り可能なバイト数

➔ Wire.read ( )

コントローラでは、requestFrom () を実行したあと、ペリフェラルから送られてきたデータを読み取るときに使用します。ペリフェラルがコントローラからのデータを受信するときにも使用します。

[パラメータ]
なし

[戻り値]
受信データ (byte)

[例] コントローラがペリフェラルからのデータを受信する例です。

```
#include <Wire.h>

void setup() {
  Wire.begin();
  Serial.begin(9600);
```

```
}

void loop() {
  Wire.requestFrom(2, 6);        // デバイス (アドレス=2) に対し6バイトを要求

  while(Wire.available()) {      // 要求より短いデータが来る可能性あり
    char c = Wire.read();        // 1バイトを受信
    Serial.print(c);
  }
  delay(500);
}
```

⊃ Wire.onReceive (handler)

ペリフェラルで、コントローラからデータが送られてきたときに呼ばれる関数を登録します。

［パラメータ］

handler：ペリフェラルがデータを受信したときに呼び出す関数。この関数は int の引数 (コントローラから受信したデータのバイト数) をひとつ取り、戻り値はありません。

［戻り値］

なし

⊃ Wire.onRequest (handler)

ペリフェラルで、コントローラからデータのリクエストが来たときに呼ばれる関数を登録します。

［パラメータ］

handler：呼ばれる関数の名前。呼ばれる関数に引数と戻り値はありません

［戻り値］

なし

SPI

Serial Peripheral Interface（SPI）バスに接続されたデバイスとの通信に使用します。
SPIは、マイクロコントローラに1つあるいは複数のデバイスを接続する目的で使われる、短距離用の簡便な同期通信プロトコルです。SPIは2つのマイコン間での通信にも使用されます。
SPIによる接続では、周辺のデバイスをコントロールするマスタデバイス（通常はマイコン）が必ず1つだけ存在します。デバイス間を3本の線で接続するのが典型的な使い方です。

- Master In Slave Out（MISO）- スレーブ（周辺デバイス）からマスタへデータを送るライン
- Master Out Slave In（MOSI）- マスタからスレーブへデータを送るライン
- シリアルクロック（SCK）- データ転送を同期させるため、マスタにより生成されるクロック信号
- スレーブ選択ピン（Slave Select pin）- 各デバイスは、（上記の信号線以外に）マスタがどのデバイスを有効にするか指定するためのピンを持っています。このピンがlowの場合、マスタとの通信が有効になります。highの場合、マスタからのデータを無視します。これにより複数のSPIデバイスが3本の信号線を共有できます。

SPIデバイスに対応するコードを書くときは、いくつかの決まり事を考慮してください。

- ビットオーダーはLSBFIRSTかMSBFIRSTか?（`SPI.setBitOrder`を使って指定します）
- アイドリング状態を示すクロック信号はhighかlowか?（`SPI.setDataMode`で指定します）
- サンプリングはクロックの立ち上がりエッジか、立ち下がりエッジか?（`SPI.setDataMode`で指定します）
- SPIの動作スピード（`SPI.setClockDivider`で指定します）

SPIはあまり厳密なものではなく、デバイスごとの実装はわずかながら異なっています。新たなデバイスに対応するコードを書くときは、データシートをよく読んでください。
一般的には4種類の転送モードが使われます。これらのモードは、クロック位相（clock phase）とクロック極性（clock polarity）という2つの要素で決定され、クロック位相はシフトされたデータを読み取るタイミング（立ち上がりエッジか立ち下がりエッジか）、クロック極性はアイドリング状態のときのクロックの状態（highかlowか）を示します。この設定は`SPI.setDataMode()`を使って行います。パラメータの組み合わせは次の表のとおりです。

Mode	Clock Polarity (CPOL)	Clock Phase (CPHA)
0	0	0
1	0	1
2	1	0
3	1	1

SPIパラメータを正しくセットしたあとは、データシートを見ながら、デバイスの機能とそれを制御するレジスタの使い方を調べていくことになるでしょう。

［接続］

SPI通信で使われるピンは次のとおりです。

	MOSI	MISO	SCK	SS
Uno	11	12	13	10

SSピンは使わない場合でも出力状態のままにしておく必要があります。そうしないと、SPIインタフェイスがスレーブモードに移行し、ライブラリが動作しなくなります。

10番以外のピンをスレーブ選択（SS）ピンとして使うことができます。たとえば、Ethernetシールドはピン4をオンボードのSDカードの制御に使い、ピン10をEthernetコントローラに割り当てています。

［例］

BarometricPressureSensor: SPIを使って気圧と温度を読み取る例です。

http://arduino.cc/en/Tutorial/BarometricPressureSensor

SPIDigitalPot: デジタルポテンショメータを使う例です。

http://arduino.cc/en/Tutorial/SPIDigitalPot

［**補足**］SPIの初期化を`SPISettings`と`SPI.beginTransaction`を使って行う新しい方法があります。使用例は次のとおりです。

```
SPI.beginTransaction( SPISettings(14000000, MSBFIRST, SPI_
MODE0) );
```

この方法はパラメータの設定が一度で済むため可読性が良好ですが、従来式のひとつひとつ個別の関数で設定する方法を示している作例もまだ多いので、ここでは個別に解説します。

SPI

⟳ SPI.begin ( )

SPIバスを初期化します。SCK、MOSI、SSの各ピンは出力に設定され、SCKとMOSIはlowに、SSはhighとなります。

［パラメータ］

なし

⊃ SPI.end ( )

SPIバスを無効にします。各ピンの設定は変更されません。

［パラメータ］
　なし

［戻り値］
　なし

⊃ SPI.setBitOrder (order)

SPIバスの入出力に使用するビットオーダーを設定します。LSBFIRST (`least-significant bit first`)か MSBFIRST(`most-significant bit first`)のどちらかを選択してください。

［パラメータ］
　order：LSBFIRST または MSBFIRST

［戻り値］
　なし

⊃ SPI.setClockDivider (divider)

SPIクロック分周器 (`divider`) を設定します。分周値は2、4、8、16、32、64、128のいずれかで、デフォルトは4 (`SPI_CLOCK_DIV4`) です。これはSPIクロックをシステムクロックの1/4に設定するという意味です。

［パラメータ］
```
divider:
 SPI_CLOCK_DIV2
 SPI_CLOCK_DIV4
 SPI_CLOCK_DIV8
 SPI_CLOCK_DIV16
 SPI_CLOCK_DIV32
 SPI_CLOCK_DIV64
```

```
SPI_CLOCK_DIV128
```

[戻り値]

なし.

⊃ SPI.setDataMode (mode)

SPIの転送モードを設定します。このモードはクロック極性とクロック位相の組み合わせで決定されます。

[パラメータ]

```
mode:
SPI_MODE0
SPI_MODE1
SPI_MODE2
SPI_MODE3
```

[戻り値]

なし

⊃ SPI.transfer (value)

SPIバスを通じて1バイトを転送します。送信と受信の両方で使用します。

[パラメータ]

```
value：転送するバイト
```

[戻り値]

受信したバイト

Firmata

Firmataライブラリにより、ホストコンピュータ上のソフトウェアとFirmataプロトコルを使ってコミュニケーションできます。自前のプロトコルやオブジェクトを作らずに、カスタムファームウェアを書くことができます。

begin()：ライブラリをスタートします。

begin(long)：指定したボーレートでライブラリをスタートします。

printVersion()：ホストコンピュータにプロトコルのバージョンを送信します。

blinkVersion()：pin13を点滅させてプロトコルのバージョンを表示します。

printFirmwareVersion()：ファームウェアの名前とバージョンをホストコンピュータに送信します。

setFirmwareVersion(byte major, byte minor)：ファームウェアの名前とバージョンを、スケッチのファイル名から".pde"を除いたものを使って設定します。

［メッセージ送信］

sendAnalog(byte pin, int value)：アナログメッセージを送信します。

sendDigitalPorts(byte pin, byte firstPort, byte secondPort)：デジタルポートの状態を独立したバイトとして送信します。

sendDigitalPortPair(byte pin, int value)：デジタルポートの状態をintとして送信します。

sendSysex(byte command, byte bytec, byte* bytev)：任意長のバイト配列としてコマンドを送信します。

sendString(const char* string)：文字列をホストコンピュータへ送信します。

sendString(byte command, const char* string)：コマンドタイプを指定して文字列をホストコンピュータへ送信します。

［メッセージ受信］

available()：バッファに受信したメッセージがあるかチェックします。

processInput()：バッファから受信したメッセージを取り出し、登録したコールバック関数へ送ります。

attach(byte command, callbackFunction myFunction)：受信メッセージのタイプと関数を対応付けます。

detach(byte command)：受信メッセージのタイプと関数の対応を解消します。

［コールバック関数］

関数とメッセージタイプを対応づけるためには、その関数がコールバック関数の標準に適合している必要があります。firmataには3タイプのコールバック関数（generic、string、sysex）があります。

generic：void callbackFunction(byte pin, int value);

system_reset：void systemResetCallbackFunction(void);

string：void stringCallbackFunction(char *myString);

sysex：void sysexCallbackFunction(byte pin, byte byteCount, byte *arrayPointer);

関数に添付できるメッセージは次のとおりです。

DIGITAL_MESSAGE：8ビットのデジタルピンのデータ（1ポート）

ANALOG_MESSAGE：あるピンのアナログ値

REPORT_ANALOG：アナログピンの情報（enable/disable）

REPORT_DIGITAL：デジタルピンの情報（enable/disable）

SET_PIN_MODE：ピンモードの変更（INPUT/OUTPUT/PWMなど）

FIRMATA_STRING：C言語スタイルの文字列で、stringCallbackFunctionを使用します

SYSEX_START：任意長のメッセージで、sysexCallbackFunctionを使用します（MIDI SysEx protocolより）

SYSTEM_RESET：ファームウェアをデフォルトの状態へ戻すためのメッセージで、systemResetCallbackFunctionを使用します

［**サンプルコード**］

Firmataを使ってアナログデータの送受信をする例です。

```
#include <Firmata.h>

byte analogPin;
void analogWriteCallback(byte pin, int value) {
  pinMode(pin,OUTPUT);
  analogWrite(pin, value);
}

void setup() {
  Firmata.setFirmwareVersion(0, 1);
  Firmata.attach(ANALOG_MESSAGE, analogWriteCallback);
  Firmata.begin();
}

void loop() {
  while(Firmata.available()) {
    Firmata.processInput();
  }
  for(analogPin = 0; analogPin < TOTAL_ANALOG_PINS;
    analogPin++) {
    Firmata.sendAnalog(analogPin, analogRead(analogPin));
  }
}
```

Firmata

LiquidCrystal

このライブラリを使うことで、Hitachi HD44780とその互換チップセットをベースにしたLCDを制御できます。4ビットと8ビット両方のモードをサポートしています。

....

⊃ LiquidCrystal ( )

LiquidCrystal型の変数を生成します。
液晶ディスプレイは4本または8本のデータラインでコントロールされます。RWピンをArduinoボードの端子につなぐかわりにGNDに接続すれば、引数を省略することができます。

［構文］

```
LiquidCrystal(rs, enable, d4, d5, d6, d7)
LiquidCrystal(rs, rw, enable, d4, d5, d6, d7)
LiquidCrystal(rs, enable, d0, d1, d2, d3, d4, d5, d6, d7)
LiquidCrystal(rs, rw, enable, d0, d1, d2, d3, d4, d5, d6, d7)
```

［パラメータ］

rs：LCDのRSピンに接続するArduino側のピン番号
rw：LCDのRWピンに接続するArduino側のピン番号
enable：LCDのenableピンに接続するArduino側のピン番号
d0〜d7：LCDのdataピンに接続するArduino側のピン番号

d0〜d3はオプションで、省略すると4本のデータライン（d4〜d7）だけで制御します。

［**例**］液晶ディスプレイを初期化し、hello, world!を表示します。

```
#include <LiquidCrystal.h>

LiquidCrystal lcd(12, 11, 10, 5, 4, 3, 2);

void setup() {
  lcd.begin(16,1);
  lcd.print("hello, world!");
}

void loop() {}
```

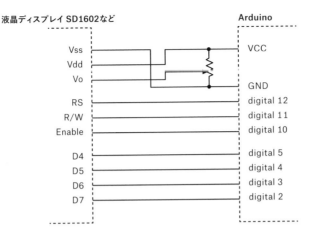

液晶ディスプレイ SD1602など   Arduino

Vss	VCC
Vdd	
Vo	GND
RS	digital 12
R/W	digital 11
Enable	digital 10
D4	digital 5
D5	digital 4
D6	digital 3
D7	digital 2

図II-4 4本のデータラインを使う接続例

⤷ begin (cols, rows)

ディスプレイの桁数と行数を指定します。

［パラメータ］
cols：桁数（横方向の字数）
rows：行数

⤷ clear ( )

LCDの画面をクリアし、カーソルを左上の角に移動させます。

⤷ home ( )

カーソルを左上の角へ移動します。続くテキストはその位置から表示されます。画面をクリアしたいときは、clear ( ) を使用します。

⤷ setCursor (col, row)

カーソルの位置を指定します。続くテキストは、その位置から表示されます。

    col：桁（0が左端）
    row：行（0が1行目）

....

➋ write (data)

文字をLCDに表示します。

［パラメータ］
    data：表示したい文字

［例］シリアルで受信した文字をLCDに表示します。

```
#include <LiquidCrystal.h>

LiquidCrystal lcd(12, 11, 10, 5, 4, 3, 2);

void setup() {
  Serial.begin(9600);
}

void loop() {
  if (Serial.available()) {
    lcd.write(Serial.read());
  }
}
```

....

➋ print (data)

テキストをLCDに表示します。

［パラメータ］
    data：表示したいデータ（char、byte、int、long、stringの各型）
    BASE（オプション）：数値を表示する際の基数（BIN、DEC、OCT、HEX）

［例］hello, world!を表示します。

```
#include <LiquidCrystal.h>
```

```
LiquidCrystal lcd(12, 11, 10, 5, 4, 3, 2);

void setup() {
  lcd.print("hello, world!");
}

void loop() {}
```

➲ createChar (num, data)

LCDに表示するカスタムキャラクタを作成します。5×8ピクセルのキャラクタを8種類まで追加することができ、write()でその番号を指定すると表示されます。

[パラメータ]
　num：キャラクター番号（0〜7）
　data：ピクセルデータの配列

[例] スマイリーを定義して液晶ディスプレイに表示

```
#include <LiquidCrystal.h>

LiquidCrystal lcd(12, 11, 5, 4, 3, 2);

// 2進数で5×8ドットの画像を定義
byte smiley[8] = {
  B00000,
  B10001,
  B00000,
  B00000,
  B10001,
  B01110,
  B00000,
};

void setup() {
  lcd.createChar(0, smiley);
  lcd.begin(16, 2);
  lcd.write(byte(0));   // byte型へキャストしている
```

```
}

void loop() {}
```

索引
Index

261

263

訳者あとがき

第1版へのあとがき

　本書のなかでは現れませんが、巷におけるArduinoの日本語表記にはバラツキがあります。オライリー・ジャパンは「アルドゥイーノ」に統一する方針のようですので、今後、読み方を書くときはそうしようと思います。ただ、会話のなかでは、いままでどおり「アーデュイノ」と言ってしまいそうです。

　私がはじめて、この発音しにくいイタリア生まれのプラットフォームの存在を知ったのは、2007年の春でした。Arduinoに気付くよりも先に、Wiringが目にとまりました。

　WiringはArduinoの元になったプロトタイピングツールで、現在もバージョンアップがされています。言語仕様の面では、Wiringに実装された機能が、少し間をおいてArduinoに移植される傾向があるようです。メモリとピン数が豊富なので、Arduinoでは処理しきれないタスクにはWiringを使う手もあるでしょう。

　SparkfunからWiringボードを取り寄せ、いろいろな部品をつないでみて、その扱いやすさにとても感動しました。加速度センサの読みをマトリクスLEDに表示する、というようなことがずいぶんカンタンにできたのです。それまでに試した他のマイコンボードとは開発のスピード感が違うと感じました。しかし、Wiringはいくぶん高価で（82ドルで買いました）、表面実装を前提としていることから自分で作るのも難しく、いくつも用意することはできません。1枚のボードに部品をつなげてははずし、またつなげてははずすことを繰り返しました。

　当然、もっと安く入手できるWiringのようなボードがあれば、いくつかの工作を並行して進めたり、できあがったものをそのまま保存しておくことがしやすくなります。そんなことを考えていたある日、Make Blogで紹介されたのが、わずか15ドルで買えるArduino互換機「Bare Bones Board」です。

　私の場合、Paul BadgerのBBBを手にしたことで、Arduinoの面白さがおぼろげながら理解できました。

　それ以前にも「Arduino」というキーワードは知っていたのですが、実を言うと、Wiringのサブセットくらいの捉え方しかしていませんでした。しかし、本家Arduinoよりも安くて、独自のアレンジが施してあるBBBのようなハードウェアが登場する状況を見て、「何かが起きている」という感覚を得ます。

　その「何か」にはいくつかの要素があるのですが、一番大きかったのは、オープンソースハードウェアというコンセプトが機能しはじめている気配でした。ソフトウェアの世界で起きているように、ひとつのアーキテクチャを多くの人が複製・改変・再配布することで、少しずつ価値が増大し、多様化していくのです。その年の後半にはLeah BuchleyのLilyPad ArduinoやLimor FriedのBoarduinoが登場しました。

ブレッドボーダーズというユニットのメンバーである私はBoarduinoのファンですが、Arduinoを世に知らしめた功績の大きさにおいては花の形のLilyPadに軍配があがるでしょう。現在、MIT Media Labで教鞭を取るBuchleyは、LilyPadを通じて、ファッションとエレクトロニクス、あるいは手芸と電子工作が融合すると何が起こるのか、という問いかけをしました。その結果は、マイコンボードが縫いつけられた服や帽子、そしてそれらを身に付ける女の子たちの出現です。

　ユーザー層が厚くなるにつれ、YouTubeやFlickrではArduinoタグが付いた愉快な作例が増えていきました。そうした作例からインスパイアされた人々がArduinoを使いはじめ、その成果がまたオンラインで公開される、というポジティブな連鎖が発生した結果、2008年は小さなブームの様相を呈します。

　出荷1万台を記念してArduino Diecimila（イタリア語で10000の意）が発売されたのが、2007年11月です。その1年後には、累計出荷台数が5万台を超え、6万台に近づこうとしているという話を耳にしました。1年の間に4万台から5万台が出回ったわけです。この数字には互換機や自作機は含まれていないはずですから、実際はもっとずっと多くのArduinoが世界中に散らばっていったことでしょう。

　もちろん、ハードウェアの台数が開発者コミュニティのスケールと価値をそのまま表しているとはいえません。しかし、数は力という面があるのも事実です。ボードの値段はさらに下がり、便利なライブラリやシールド（拡張ボード）は着々と増え、新しい作品が毎日数え切れないほどアップロードされています。その勢いはますます強まっているように見えます。

　日本においても、2008年のなかほどから入手性が格段に向上し、今では気軽に買えるようになりました。ネット上には日本語で読める使いこなしのノウハウや作例も少なくありません。この本の後半部を構成している日本語版のリファレンスは、次のURLで公開されています。

www.musashinodenpa.com/arduino/ref/

　リファレンスは日々刷新されていますので、本書刊行後の追加・変更については、このサイト、または本家のReferenceページ（arduino.cc/en/Reference/）を参照してください。

　この本の著者であり、Arduinoの生みの親であるMassimo Banziの活動はarduino.ccのほかに、tinker.itで知ることができます。コミュニティー全体の動向については、Make: Blog（jp.makezine.com/blog）、Friedのブログ（www.ladyada.net/rant）、Sparkfun（www.sparkfun.com）なども良い情報源です。先述のとおり、YouTubeやFlickrをArduinoタグで検索すると作例が膨大に見つかります。

　本書に目を通したら、そうしたネット上の写真やムービーに触れてみてください。先人の楽しみようが伝わって、自分のヤル気も倍増するはずです。ヤル気が湧いたら、消えないうちにすばやく形にしてみる。そんなやり方がArduino流です。

第2版へのあとがき

　初版の発行から3年。その間にArduinoは予想を上回るペースで広まりました。2011年の純正ボードの出荷台数は20万台。すごい数字ですが、本格的な普及はまだこれからかもしれません。さらなる発展に備えて、ハードとソフトの両面で改良が続けられています。

　Arduinoソフトウェアのバージョンナンバーが節目となる "1.0" になったのは2011年11月末のことです。今後の成長の基礎となるよう、大きな修正が加えられました。たとえば、スケッチの拡張子が.pdeから.inoに変わったり、ボタン類のデザインがより分かりやすいものになっています。1.0のリリースに先立って、ハードウェアも "Uno" （イタリア語で1）に代替わりし、主要な部品が変更され、より簡単に使えるものとなりました。

　本書『Arduinoをはじめよう 第2版』は、Arduino 1.0とArduino Unoに対応する目的で書かれたといっていいでしょう。大きな変更点は1.0とUnoに関係する部分です。ただし、スケッチの書き方や作例の解説について、小さな改訂もいくつか加えられています。リファレンスはArduino 1.0に付属している版をもとに、加筆修正を行いました。初版刊行時に公開したオンライン版日本語リファレンスも1.0対応済みですので、本書と併用してください。巻末のリファレンスカードには、もう気付いたでしょうか?　これは第2版だけの特別付録です。ぜひ次のプロジェクトで活用してください。

第3版へのあとがき

　2009年の第1版、2012年の第2版に続けて、この第3版を皆さんにお届けすることができました。第1版から第2版への変更は、開発環境の変化に対応するための小さな修正がほとんどだったのですが、第3版では情報量がかなり増えています。目立つのは6章と8章の追加でしょう。

　6章はArduino Unoの弟分とも言えるArduino Leonardoの解説です。回路構成がシンプルなLeonardoは値段が安く、それでいてUSBデバイスの実装に便利という特徴を持っていて、小型版であるArduino Microと併せて、よく利用されるボードとなっています。本書はもっとも標準的なUnoの使用を前提に記述されていますが、6章にはLeonardoでないと動かないスケッチが掲載されています。

　8章ではより大規模なプロジェクトを扱っています。この章に限り、日本の状況に合わせるため、翻訳時に構成を一部変更しました。使用する部品については欄外の註も参照してください。

　上記の章以外にも加筆訂正が少なからず加えられています。とくに初期設定に関する記述とリファレンスは現状に合うよう念入りに見直しました。Arduinoは現在も発展の途上にあり、仕様変更や機能追加は随時行われていますが、今日の時点で入門者がArduinoの世界を理解するのに必要十分な内容になっていると思います。本書を片手にプロトタイピングを楽しんでください。

第4版へのあとがき

第3版の発刊からおよそ8年が経過し、Arduinoを取り巻く状況は大きく変化しました。ソフトウェアの面ではArduino IDE以外の開発環境が広く使われるようになったこと、ハードウェアの面ではクラウドにつなぎたいメイカーたちや産業界のニーズに応える高機能なボードの連続的な登場が、近年の傾向といえるでしょう。選択肢がとても広がりました。

それでも基本的な姿勢が一貫しているのはArduinoのいいところです。8ビットのArduinoボードとシンプルなArduino IDEもちゃんと残っていますし、それらに対する着実な改良も続けられています。Arduinoをはじめる人はここからスタートしましょう。

本書はArduino IDE 2.0に対応しています。以前のバージョンと基本的な使い方は変わりませんが、ユーザーインターフェイスは少し変化して、エディタ横のアイコンから実行できる機能が増えました（従来通りメニューから実行することも可能です）。見えない部分の改良もたくさん施されています。

原書第4版は2.0.0のRC版（Release Candidate＝リリース候補版）をベースに書かれています。翻訳作業中にRCの期間が終わり、正式リリース版が公開されたので、それに対応するため一部の記述を修正しました。インストール手順や画面の一部が原書と異なっているのはそのためです。編集の過程でIDEのバージョンはさらに上がっていき、この原稿を書いている時点で2.0.3となっています。大きなバージョンアップの後だったので、バグ修正や微調整が多発したのでしょう。可能な限り最新の情報を反映させましたが、arduino.ccやSNSを通じて得られる最新の情報も参考にしつつ、本書を活用してください。

—— 船田 巧

［著者紹介］

Massimo Banzi （マッシモ・バンジ）

Arduinoプロジェクト共同創設者。インタラクションデザイナー、教育者、オープンソースハードウェアのパイオニアでもある。Arduinoの活動に加え、現在はスイスのルガーノにあるUSI大学でCyber Physical Systemを、SUPSI LuganoとCIID Copenhagenでインタラクションデザインを教えている。

Michael Shiloh （マイケル・シロー）

California College of the Arts准教授。そこで彼はエレクトロニクス、プログラミング、ロボティクス、機械工学を教えている。エレクトロニクスエンジニアとして長い経験を持ち、教職に就く前には、さまざまなコンシューマ向け製品の企業、エンジニアリング企業で働いていた。自らのエンジニアとしてのスキルをコンシューマ向け製品よりも、創造的でアーティスティックなデバイスに活かすことを好んでいる。世界中のカンファレンスや大学で講義を行っており、2013年には、Arduinoを新しいユーザーのために紹介し、教えるという仕事に携わった。

［著者紹介］

船田 巧 （ふなだ たくみ）

コンテンツやコミュニティサイトの開発・運用が本業のはずだが、昨今は電子工作とそれを取り巻く状況の探求にエネルギーを投じている。ハンダゴテを握りながらオープンソースハードウェアの可能性を夢想する日々。著書に『武蔵野電波のブレッドボーダーズ』（共著、オーム社）など、訳書に『Processingをはじめよう』など（オライリー・ジャパン）がある。

Arduinoはオープンソースのプロトタイプツール、「アルドゥイーノ」と読みます。

Arduinoをはじめよう 第4版

2023年 2月24日　初版第1刷発行

著者：　　Massimo Banzi（マッシモ・バンジ）、Michael Shiloh（マイケル・シロー）
訳者：　　船田 巧（ふなだ たくみ）
発行人：　ティム・オライリー
印刷・製本：日経印刷株式会社
デザイン：　中西 要介（STUDIO PT.）、寺脇 裕子

発行所：　　株式会社オライリー・ジャパン
　　　　　　〒160-0002　東京都新宿区四谷坂町12番22号
　　　　　　Tel（03）3356-5227
　　　　　　Fax（03）3356-5263
　　　　　　電子メール　japan@oreilly.co.jp
発売元：　　株式会社オーム社
　　　　　　〒101-8460　東京都千代田区神田錦町3-1
　　　　　　Tel（03）3233-0641（代表）
　　　　　　Fax（03）3233-3440

Printed in Japan（ISBN978-4-8144-0023-2）

Arduinoリファレンスカード

Blinkサンプル

```
const int ledPin = 13;
void setup(){ //1度だけ実行される
  pinMode(ledPin, OUTPUT);
}
void loop(){ //繰り返し実行される
  digitalWrite(ledPin, HIGH);
  delay(1000);
  digitalWrite(ledPin, LOW);
  delay(1000);
}
```

制御構造

```
if (x > 8) {...} else {...}
for (int i = 0; i < 8; i++) {...}
while (x < 8) {...}
do {...} while (x < 8);
continue; ループの残りの部分を飛び越す
break; 処理を中止して抜ける
return x; 関数から抜けて値xを返す
switch (x) {
  case 1:
    break;
  case 2:
    break;
  default:
}
```

コメントと特別な命令

```
// 1行ずつのコメント
/* 長さが自由なコメント */
#define LEDPIN 12
#include <EEPROM.h>
```

演算子

```
x = y + 3;        y = x - 3;
x = y * 5;        y = x / 5;
a = b % 8; 8で割った余りを求める
```

```
x == y 等しい       x != y 等しくない
x < y               x > y
x <= y              x >= y
```

```
i++ 評価して加算     ++i 加算して評価
i-- 評価して減算     --i 加算して評価
x += 2; は x = x + 2; と同じ
```

```
&& どちらも真なら真 ((x < y) && (y < z))
|| どちらかが真なら真 ((x == 1) || (y != 1))
! 否定    if ( !x ) { ... }
```

```
x &= B11111100; マスク (AND)
x |= B00000011; セット (OR)
z = x ^ y; 排他的論理和 (XOR)
y = ~x; 否定 (NOT)
y = x<<2; 左シフト
```

型

```
void
bool                真 true か偽 false
char                -128 ～ 127
unsigned char       0 ～ 255
byte                0 ～ 255
int                 -32768 ～ 32767
unsigned int        0 ～ 65535
word                0 ～ 65535
long  -2147483648 ～ 2147483647
unsigned long       0 ～ 4294967295
float  -3.4028235E+38 ～ 3.4028235E+38
double -3.4028235E+38 ～ 3.4028235E+38
```

文字列

```
char str[] = "hello"; 配列として初期化
str[0] = 'H';        1文字目をHに変更
タブと改行 (CR+LF)
  "Hello\tworld!\r\n"
Flash メモリを使用
  print( F("Hello") )
```

外部割り込み

```
attachInterrupt
([0|1], function,
[LOW|CHANGE|RISING|
FALLING])
detachInterrupt
([0|1])
noInterrupts()
```
割り込みの一時停止
```
interrupts()
```
止めた割り込みの再スタート

シリアル通信

受信した1バイトを10進数で送り返す例
```
void setup() {
  Serial.begin(9600);
}
void loop() {
  if (Serial.available() > 0) {
    int c = Serial.read();
    Serial.println(c, DEC);
  }
}
```

Servoライブラリ

```
#include <Servo.h>
attach(pin)        指定ピンにサーボを接続
write(angle)       角度 (0 ~ 180) を指定
writeMicroseconds(uS)  マイクロ秒単位
attached()         サーボが有効ならtrue
detach()           ピンを解放
```

キャラクタ液晶ディスプレイ(LCD)

```
#include <LiquidCrystal.h>
LiquidCrystal lcd(2, 3, 4, 5, 6, 7);
lcd.begin(16,2);   LCDの桁数と行数を指定
lcd.setCursor(10,1);  カーソル移動
lcd.print("Hello world!");
lcd.clear();       画面をクリアしカーソルは左上
```

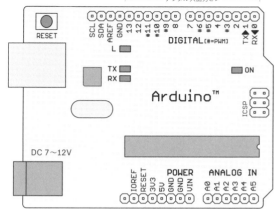

Arduino Uno R3 (原寸大)

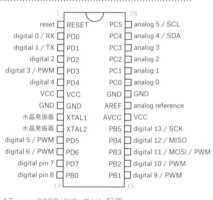

ATmega328P (DIP) のピン配置

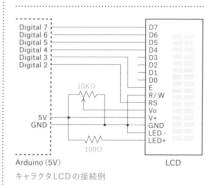

キャラクタLCDの接続例

その他の入出力

```
shiftOut(dataPin, clockPin,
  [MSBFIRST|LSBFIRST], value)
shiftIn(dataPin, clockPin,
  [MSBFIRST|LSBFIRST])
pulseIn(pin, [HIGH|LOW])
tone(pin, freq)  単位はヘルツ (Hz)
tone(3, 440, 90);  90ミリ秒間だけ鳴らす
noTone(pin)  シリアル通信
```

時間

```
millis()  起動からの経過時間(ミリ秒)
micros()  起動からの経過時間(マイクロ秒)
delay(250);  250ミリ秒間停止
delayMicroseconds(80);  80マイクロ秒
```

乱数

```
randomSeed(analogRead(0));  初期化
long x = random(x);  x-1までの整数
long x = random(min,max);  範囲を指定
```

数学的な関数

```
min(x, y)  max(x, y)
abs(x)
sqrt(x)  pow(base, exponent)
sin(rad)  cos(rad)  tan(rad)
constrain(x, min, max)
map(x, fromL, fromH, toL, toH)
```

Stringクラス

```
String s1 = "Hello";
print( s1 + s2 );  文字列の連結
if ( s1 == s2 )  文字列の比較
```

ビットとバイトの処理

```
lowByte(x)  highByte(x)
bitRead(x, n)  bitWrite(x, n, bit)
bitSet(x, n)  bitClear(x, n)
bit(n)  (1 << (n)) と同じ処理
```

定数と数値表現

```
HIGH | LOW      デジタル入出力の値
INPUT | OUTPUT  デジタル入出力の向き
true | false    論理値(真と偽)
170  十進数      0252 八進数
0xAA 十六進数    B10101010 二進数
10U  符号なし
20L  long       30UL 符号なし long
10.0 浮動小数点数
2.4e5 240000.0
```

配列

```
int array[5];  要素を5個持つ配列
array[0] = 2;  ひとつめの要素に代入
int pins[] = {2, 4, 8, 6};
要素の数
  sizeof(pins)/sizeof(pins[0])
```

型宣言で使うキーワード

```
const float pi = 3.14;
volatile char buf;
static int result;
```

デジタル入出力

```
pinMode(pin, [INPUT|OUTPUT|INPUT_
  PULLUP])
digitalWrite(pin, [HIGH|LOW])
int x = digitalRead(pin);
内蔵プルアップ抵抗を有効にする
  pinMode(pin, INPUT_PULLUP)
```

アナログ入出力

```
int x = analogRead(pin);
analogReference([DEFAULT
  |INTERNAL|EXTERNAL])
  デフォルトは電源電圧
analogWrite(pin, x)  xは0〜255
```